VISION DU TEMPS.

50ᶜ ALMANACH 50ᶜ

ET

CALENDRIER MÉTÉOROLOGIQUE

POUR

L'ANNÉE 1865,

Suivi d'un Traité succinct sur l'art de pronostiquer le temps avec une certaine probabilité,

A L'USAGE

DE L'HOMME DES MERS ET DE L'HOMME DES CHAMPS,

PAR

F.-V. RASPAIL.

PARIS

CHEZ L'ÉDITEUR DES OUVRAGES
de M. Raspail,

14, RUE DU TEMPLE, 14
(près de l'Hôtel de ville).

BRUXELLES

A L'OFFICE DE PUBLICITÉ,
LIBRAIRIE NOUVELLE,
39, Rue Montagne de la Cour, 39.

PRÉVISION DU TEMPS.

ALMANACH

ET

CALENDRIER MÉTÉOROLOGIQUE

POUR

L'ANNÉE 1865,

Suivi d'un Traité succinct sur l'art de pronostiquer le temps avec une certaine probabilité,

A L'USAGE

DE L'HOMME DES MERS ET DE L'HOMME DES CHAMPS ;

PAR

F.-V. RASPAIL.

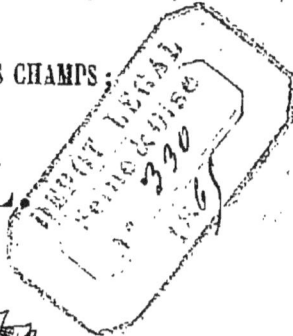

2ᵉ TIRAGE

2ᵉ TIRAGE

PARIS
CHEZ L'ÉDITEUR DES OUVRAGES
de M. Raspail,
14, RUE DU TEMPLE, 14.
(près de l'Hôtel de ville).

BRUXELLES
A L'OFFICE DE PUBLICITÉ,
LIBRAIRIE NOUVELLE,
39, Rue Montagne de la Cour, 39.

1865

C.

INTRODUCTION EXPLICATIVE

§ 1.

Le mot ALMANACH nous vient de la langue arabe ; il est composé de AL le et MANECH comput ou art de compter les mois et les jours de l'année.

CALENDRIER, en latin *calendarium*, vient de *calendæ* (le jour des calendes), le premier jour de chaque mois chez les Latins, le jour des grands rendez-vous des citoyens sur le *Forum*, cette grand'place de Rome ; jour de foule au marché et à la barre de la justice ; jour enfin des grandes assemblées commerciales ou politiques. Ce mot est dérivé du vieux verbe latin *calare* qui signifiait assembler, réunir.

Les Grecs donnaient à leur calendrier le nom d'É-PHÉMÉRIDES, mot qui est une définition comme presque tous les mots grecs ; il est dérivé de *ép* pour, *hemera* chaque jour.

Le nom français *annuaire*, qui date de notre grande Révolution, aurait été préférable, surtout parce qu'il est français ; c'est le seul souvenir que le *bureau des longitudes* ait conservé de la nomenclature de cette époque, dans son *annuaire du bureau des longitudes*.

§ 2.

Le calendrier que nous publions joint à l'ancienne forme de tous les ALMANACHS, un premier avantage tout nouveau, qui est d'indiquer non-seulement les quantièmes du mois et les noms du martyrologe de la religion catholique, mais encore les changements probables qui doivent s'effectuer dans les phénomènes atmosphériques aux différentes époques de chaque mois, au moyen de l'indication des phases et points lunaires et du cours du soleil ; application presque synoptique des principes de météorologie que nous avons développés dans notre *Revue complémentaire des sciences appliquées*, de 1853 à 1860 (1), et dont nous donnons le résumé succinct, mais suffisant pour la pratique, à la suite des divers tableaux qui forment le calendrier comparatif de cette année (voyez n° XI).

§ 3.

Nous avons mis en regard de l'ALMANACH à l'usage des catholiques ou CALENDRIER GRÉGORIEN, qui est redevenu l'ALMANACH légal en France depuis 1806, le CALENDRIER, ou plutôt l'ANNUAIRE RÉPUBLICAIN, qui fut l'ALMANACH LÉGAL pendant les treize plus glorieuses années de nos victoires et de notre rénovation sociale, c'est-à-dire du 22 septembre 1793 au 1er janvier 1806.

Notre histoire, notre jurisprudence, nos titres de propriété, nos actes de l'état civil, etc., sont pleins du souvenir de cette ère et de mentions de ces dates ; ce qui ne permet pas d'ignorer la concordance de ces deux calendriers ; une telle connaissance doit même faire partie d'une bonne éducation.

D'un autre côté, ce tableau synoptique et comparatif

(1) *Revue complémentaire des sciences appliquées à la médecine et à la pharmacie, à l'agriculture, aux arts et à l'industrie*, par F.-V. RASPAIL. 6 vol. in-8°. 1854-1860.

né servira pas peu à mettre en évidence la simplicité et l'avantage de l'un, par sa concordance avec les époques astronomiques et par la régularité de sa nomenclature ; ce qui fera d'autant ressortir la bizarrerie, les contradictions, l'arbitraire des indications de l'autre et ce qui nous montrera combien nous avons à regretter que la conspiration réactionnaire, qui depuis 1806 nous ronge jusqu'au cœur, soit venue à bout de rétablir ce calendrier suranné qu'une interruption de treize années avait fini par effacer du souvenir des habitants de cette moitié de l'Europe civilisée qui formait alors l'empire français.

Le CALENDRIER GRÉGORIEN, qui a succédé à l'ANNUAIRE RÉPUBLICAIN, n'est au fond qu'un mélange incohérent de souvenirs du paganisme et de superstitions météorologiques, où l'arbitraire irréfléchi a réglé la disposition et la nomenclature des mois et des jours. Il a en outre le grand défaut d'être une protestation illégale contre les principes de 89 qui font la base de notre droit national, grande époque qui a reconnu l'égalité des citoyens et des diverses croyances devant la loi, en sorte que nulle d'entre ces croyances ne puisse se croire en droit de s'imposer à toutes les autres. Or ce calendrier constitue une opposition flagrante avec ce principe fondamental, en assignant à chaque jour du mois, le nom d'une fête ou d'un saint que les cultes non catholiques ne reconnaissent en aucune manière. J'ai dit que ce CALENDRIER est imprégné de tous les souvenirs du paganisme et des superstitions de l'astrologie, dans la désignation des mois et des jours de la semaine : Par exemple : JANVIER est la traduction du mois païen *januarius*, mois consacré au Dieu JANUS ; FÉVRIER, c'est le mois païen *februarius*, mois consacré au Dieu de la fièvre : MARS, mois consacré à MARS, dieu de la guerre ; AVRIL, en latin *aprilis,* consacré à VÉNUS Aphrodite, déesse de toutes les conceptions végétales ou animales; MAI consacré à MAÏA, vierge qui devint mère de *Mercure* par l'opération de l'esprit de l'air (Jupiter); JUIN, en latin *junius,* consacré à JUNON Lucine; JUILLET, en latin *julius,* consacré à Jules César élevé au rang des Dieux après sa mort ; AOUT, en latin *augustus,* consacré à Octave à qui on décerna de son vivant le titre qu'on n'avait donné jusque-là qu'aux Dieux païens : *augustus* en latin, *sebastos* en grec.

Mais après la profanation, voici la bizarrerie de cette nomenclature des mois : Chez les Romains l'année commençant au mois de mars, le mois qui suivait celui d'*Auguste* (*août* par abréviation) qui primitivement se nommait *sextilis* (le sixième), était le septième de l'année d'où vient le mot *september;* dans notre calendrier l'année commençant en janvier, ce septième mois conserve son nom ordinal, quoiqu'il soit le neuvième par numéro d'ordre; *october,* le huitième, conserve son nom ordinal, quoiqu'il soit le dixième; *november,* le neuvième des Romains, est chez nous en conservant son nom le onzième; et *december,* tout dixième de nom qu'il est, n'en est pas moins de fait le douzième de notre année.

Venons-en aux jours de la semaine : L'astrologie avait donné à chaque jour de la semaine le nom d'une des sept planètes admises à cette époque où l'on croyait que le soleil tournait autour de la terre ; les astrologues pensaient que chacune de ces planètes exerçait une influence sur un des jours de la semaine. Nous aurions aujourd'hui des semaines de plus de 80 jours, s'il fallait donner à chaque jour le nom d'une planète; car le nombre de ces planètes ne tardera pas à s'élever à 80. A part le *jour du soleil* (*solis dies*)(1) que les catholiques nomment dimanche (*dies dominica* ou jour du Seigneur), le CALENDRIER GRÉGORIEN a conservé tous les autres noms planétaires et païens des jours de la semaine : LUNDI (*Lunæ dies*, jour de la Lune); MARDI (*Martis dies*, jour de Mars); MERCREDI (*Mercurii dies*, jour de Mercure); JEUDI (*Jovis dies*, jour de Jupiter); VENDREDI (*Veneris dies*, jour de Vénus); SAMEDI (*Saturni dies*, jour de Saturne, Dieu qui dévorait ses enfants comme le ferait le diable). En sorte que, dans le bréviaire des catholiques, la fête de Dieu tombe le jour consacré à Jupiter, c'est-à-dire le jeudi (*Jovis dies*, mot qui se trouve en tête de cette fête dans le bréviaire); que les fêtes de la Vierge peuvent tomber le JOUR DE VÉNUS (*Veneris dies*, pour nous servir de l'intitulé du bréviaire); et que le vendredi saint s'intitule dans le bréviaire *sancta dies Veneris*, le saint jour de Vénus.

Ne pensez-vous pas que, par respect pour lui-même, le catholicisme devrait demander encore plus que nous la réforme de ce calendrier antique et sacrilége ?

Que dire de la division des mois en semaines de sept jours, nombre qui ne divise exactement que le mois de février des années ordinaires, et de ces mois qui ont tantôt 28, tantôt 29, 30 et 31 jours ? que dire d'une année qui commence onze à douze jours après le solstice d'hiver ? et pour quelle raison ? parce que l'a voulu ainsi le caprice du roi Charles IX, ou qu'on l'a fait vouloir à ce roi que l'histoire n'excuse d'avoir été égorgeur de ses sujets que parce qu'il n'avait pas toute sa tête pour porter une couronne.

(1) Les Anglais lui ont conservé cette dénomination ; ils appellent notre dimanche *sunday* (*day* jour, *sun* du soleil).

Il est impossible, convenez-en, de réunir plus d'incohérences, d'inconséquences, de notions erronées et de rapprochements indécents que ne le fait une telle distribution des mois et des journées.

§ 4.

Après avoir fait table rase sur tous les abus passés, la grande Convention ne pouvait pas en laisser subsister un qui jurait tant contre l'esprit des institutions nouvelles. Elle confia à une commission un projet de CALENDRIER que le savant et infortuné Romme venait de soumettre à la haute sanction nationale; et sur le rapport de Fabre d'Églantine, au nom du Comité d'instruction publique, la Convention nationale, dans les séances des 14 vendémiaire (5 octobre), 3 et 19 brumaire (24 octobre et 9 novembre) de l'an IIᵉ de la République Française (année 1793 vieux style), décréta que l'ère des Français comptait de la fondation de la République qui avait eu lieu le 22 septembre 1792 de l'ère vulgaire, jour où le soleil était arrivé à l'équinoxe vrai d'automne ; et elle adopta, comme étant obligatoire sur tout le territoire français, l'ANNUAIRE dont Romme avait soumis le plan au Comité d'instruction publique.

Dans cet annuaire, l'année commence à l'équinoxe d'automne. Les mois sont tous de 30 jours ; et les jours restant pour compléter le nombre de 365 de l'année solaire et de 366 les années quaternaires (*années bissextiles* de l'ancien style), étaient consacrés à des fêtes nationales, sous le nom de jours *sansculotides*, mot de circonstance qui ne tarda pas à être remplacé avec juste raison par celui de jours *complémentaires*.

Le mois était divisé, comme chez les Grecs, en décades, jours de vacations de l'état qui n'étaient rien moins qu'obligatoires pour les particuliers, jours de repos indiqués plutôt qu'imposés aux citoyens travailleurs.

Les noms donnés aux jours de la décade étaient tirés de leur rang d'ordre : PRIMEDI (de *prima dies*), premier jour de chaque décade ; DUODI, second jour ; TRIDI, troisième jour ; QUARTIDI (*quarta dies*), quatrième jour ; QUINTIDI (*quinta dies*), cinquième jour ; SEXTIDI (*sexta dies*), sixième jour ; OCTIDI (*octava dies*), huitième jour ; NONIDI (*nona dies*), neuvième jour ; DECADI (*decima dies*), dixième jour ou DÉCADE.

Chaque saison se comptait de l'un des équinoxes à un des solstices et *vice versâ* et se composait ainsi de trois mois. Les mois avaient une terminaison spéciale jointe à un radical exprimant le principal phénomène météorologique ou agricole du mois : la terminaison AIRE pour les trois mois d'automne ; ÔSE pour les trois mois d'hiver ; AL pour les trois mois du printemps ; et DOR pour les trois mois de l'été. VENDÉMIAIRE (du 22 septembre au 21 octobre), (de *vindemia*), mois consacré aux vendanges ; BRUMAIRE (du 22 octobre au 20 novembre), mois des brumes ou mois brumeux ; FRIMAIRE (du 21 novembre au 20 décembre), mois des frimats ou grands froids ; NIVÔSE (du 21 décembre au 19 janvier), (de *nivis*), mois de la neige ; PLUVIÔSE (du 20 janvier au 18 février), mois des pluies ; VENTÔSE (du 19 février au 20 mars pour les années ordinaires), mois des giboulées et du vent ; GERMINAL (du 21 mars au 19 avril), mois où tout commence à germer ; FLORÉAL (du 20 avril au 19 mai), où tout commence à fleurir ; PRAIRIAL (du 20 mai au 18 juin), mois

1.

où l'on fauche les prairies ; MESSIDOR (du 19 juin au 18 juillet), mois de la moisson (*messis* en latin) ; THERMIDOR (du 19 juillet au 17 août), mois des grandes chaleurs (*thermos* en grec) ; FRUCTIDOR (du 18 août au 16 septembre), mois de la maturité des fruits) ; à la suite, jours complémentaires (du 17 au 22, ou au 23 septembre les années sextiles). Il ne vous faudra pas grand temps pour voir que cet annuaire concordait avec toutes les époques astronomiques et agricoles, et réglait le temps avec uniformité et exactitude.

La Convention adopta en outre une autre innovation proposée par le savant Romme, et à laquelle le Comité d'instruction publique avait applaudi d'une voix unanime. Ce fut la substitution, à l'indication d'un nom de saint, nom le plus souvent apocryphe, du nom d'une plante à semer ou à récolter ce jour-là, d'une opération agricole destinée à fertiliser le sol, etc. Espèce d'AGENDA AGRICOLE et comme de table des matières que chaque instituteur devait traiter en première ligne chaque jour dans le sein de nos écoles primaires. Le *quintidi* avait un nom d'animal utile et le *decadi* celui d'un instrument aratoire. Les ennemis de notre immortelle Révolution accueillirent de leurs lazzis habituels une pareille innovation ; et ils n'ont cessé depuis de vouloir faire croire que la Convention avait en vue de substituer le culte d'une plante, d'un animal et d'un instrument à celui des saints ; en sorte que chaque citoyen eût été tenu de changer ses prénoms en celui d'un des objets inscrits sur le calendrier ; que, par exemple, Mlle Cunégonde ou Radegonde se vit forcée de s'appeler Mlle Marjoleine ou Carotte ; Mr Cucufin, Babylas, Pantaléon, Bonaventure, etc., fût forcé de s'appeler Cerisier ou Navet. Ces braves gens trouvaient mauvais que certains noms si communs en France sans que personne en rie devinssent prénoms : car où ne trouvait-on pas alors comme aujourd'hui des familles fort estimées de tous et qui portaient les noms de Poirier, Pommier, Froment, Cardon, Chardon, Pinson, Duchat, Duchien, Cheval, Lebœuf, Hérisson, Lecoq, Dugazon et Cochon même (dont quelques-uns ont cru devoir faire Cochin), Abeille, Maison, Delaporte ou Porte, Duportail, Luchet, Cornu, Corne, etc. En prononçant le grand nom de Cicéron, qui va se rappeler qu'il vient de pois-chiche (*Cicer* en latin), dont un de ses ancêtres portait comme l'image sur le nez? et d'un autre côté quels noms sont devenus plus illustres que ceux de Corneille et de Racine ? Mais enfin il était évident que la Convention n'avait pas même prévu qu'un pareil enfantillage pût entrer dans la plus petite des cervelles humaines du plus fat des muscadins et incroyables du temps. Elle laissait à chaque père le soin de dénommer son enfant comme il l'entendrait ; et ce qui est remarquable, c'est que tous les parents donnèrent dès cette époque à leurs nouveau-nés, au lieu des prénoms empruntés à l'*agenda agricole* du calendrier, les noms des grands hommes de l'antiquité qui s'étaient distingués par leur dévouement à la patrie et à l'humanité.

L'idée d'un *agenda agricole* dans le but de régler les leçons de chaque jour, était si bien celle de la Convention que, dès la promulgation du décret, Millin (qui venait de changer ses prénoms en celui d'Éleuthérophile ou *ami de la liberté*), joignit à son *annuaire du républicain pour l'an IIe de la République*, un cours complet d'économie rurale, renfermant pour chaque jour un petit traité succinct, mais substantiel, sur chaque chose dont le nom est inscrit à l'agenda du calendrier républicain. Ce cours, à l'usage des instituteurs primaires ou des parents, sous le titre de *légende physico-économique*, occupe 354 pages de son livre (1).

§ 5.

Ne croyez pas que ce soient ces lazzis qui aient suggéré à Napoléon la malencontreuse idée de rétablir l'absurde calendrier grégorien dont personne ne se souvenait plus en France à cette époque; c'était tout simplement une concession de plus qu'il faisait au parti prêtre qui le poussait déjà à sa perte, en l'amenant à rétablir peu à peu un passé avec lequel l'origine du pouvoir de Napoléon était incompatible.

Les orateurs du gouvernement, Régnault (de Saint-Jean-d'Angély) et Mounier, chargés de l'épineuse mission de présenter au sénat les motifs du sénatus-consulte qui rétablissait le calendrier grégorien à par-

----

(1) *Annuaire du républicain ou légende physico-économique*, avec l'explication des 372 noms imposés aux mois et aux jours; ouvrage dont la lecture journalière peut donner aux jeunes citoyens et rappeler aux hommes faits les connaissances les plus nécessaires à la vie commune et les plus applicables à l'économie domestique et morale, aux arts et au bonheur de l'humanité. *On y a joint le Rapport et l'Instruction du Comité d'instruction publique, dans laquelle se trouve la nouvelle division décimale des jours et des heures;* par ELEUTHÉROPHILE MILLIN, professeur de zoologie à la Société d'histoire naturelle et au lycée des Arts; in-12 de (LX-XXXIV) 360 pages. Paris, chez Marie-François Drouhin, rue Christine, n° 2, l'an II de la République française.

(Nous avons eu à cœur de transcrire en entier ce titre si long, afin de couper court aux stupides lazzis que la réaction n'a cessé de propager depuis cette époque.)

tir du 1er janvier 1806, s'acquittèrent de ce soin, dans la séance du 15 fructidor an XIII (2 septembre 1805), avec des formes de langage et une timidité d'allégations qui démontraient l'effort qu'ils faisaient sur eux-mêmes, pour dissimuler leurs regrets et leur répugnance sous le voile du motif secret de la substitution. Quant au rapporteur de la commission chargée d'examiner les motifs de ce sénatus-consulte, il dut sentir monter plus d'une fois au front du sénateur Laplace le rouge des souvenirs du citoyen Laplace, lui qui avait tant acclamé à l'institution du Calendrier républicain, à l'époque où ce savant venait, à la barre de la Convention, jurer haine éternelle à la royauté, au nom d'une députation civique.

Les raisons que ce Sénateur apporta en faveur de l'abolition du Calendrier républicain semblent tout autant d'abjurations de la science et de ces sortes de rétractations que Galilée fut contraint et forcé de faire à genoux, sous la pression manuelle des agents de ce sacré collège des cardinaux qu'a flétris l'histoire.

En effet la seule raison que Laplace alléguait en faveur de son opinion, je ne dirai pas personnelle, c'est que l'intercalation au minuit qui précède l'équinoxe vrai d'automne offrait un inconvénient pour la chronologie ; défaut que, d'après lui, la Convention aurait entrevu elle-même, avec l'intention de le faire plus tard disparaître, ce qui, ajoute-il, n'offrait aucune difficulté.

Mais les deux autres motifs qu'il apportait en faveur du rétablissement du *Calendrier grégorien* sont d'une telle futilité, qu'on a de la peine à y croire en le lisant de ses propres yeux.

Le sénateur Laplace osait dire qu'il préférait à la

division par décades, la division par semaines; et cela parce que, d'après lui, *la semaine, depuis la plus haute antiquité, aurait circulé* (sic) *sans interruption à travers les siècles;* comme s'il avait pu ignorer que la DÉCADE avait circulé dès la plus haute antiquité à travers les siècles de l'histoire grecque; et comme si une aussi mauvaise raison ne tendait pas à faire substituer au système de Copernic le système de Ptolémée et l'idée que le soleil tourne autour de la terre, idée qui a circulé dès la plus haute antiquité jusqu'à la réhabilitation de la mémoire de Galilée.

La seconde raison que Laplace apporte, fort timidement il est vrai, c'est l'embarras que le *Calendrier républicain* produisait dans les relations extérieures de la France, les nations ennemies ou rivales se refusant à l'adopter. Cette raison militait autant contre le *Calendrier grégorien* que contre le *Calendrier républicain;* le *Calendrier grégorien* n'ayant été adopté que fort tard en Angleterre, et étant encore aujourd'hui repoussé par la moitié de l'Europe qu'occupe la Russie, par les peuples de l'Afrique et par tous ceux de l'Asie; tandis qu'à l'époque où parlait Laplace, le *Calendrier républicain* était en pleine vigueur, depuis près de treize ans, en Belgique, en Hollande, dans les Deux-Ponts, en Westphalie, dans la Lombardie, dans toute la botte d'Italie, dans îles Ioniennes, etc., enfin sur toute cette vaste surface de la carte de l'Europe que la France avait soumise à ses lois. Qu'importait du reste à la généralité des Français que les nations ennemies ou rivales n'adoptassent pas son calendrier? cela ne pouvait regarder que le commerce et la diplomatie, qui retrouvent toujours bien le moyen de faire concorder les dates, comme on s'y prend encore à l'égard de la Russie qui ne règle pas ses jours comme nous. Au reste, cette raison impliquait du même coup la nécessité d'abroger notre système décimal, que les nations ennemies ou rivales n'ont pas toutes adopté encore de nos jours. O souplesse et versatilité de l'homme, combien tu fais peine dans un savant!!! tenez, le plus grand obstacle au progrès, c'est le savant obséquieux serviteur du pouvoir!

Les orateurs du gouvernement s'étaient tenus à la hauteur de la science et du sentiment de leur dignité personnelle, alors que Laplace faisait si bon marché de l'une et de l'autre ; ils n'épargnaient pas la critique, et une critique sévère, au *Calendrier grégorien*, tout en demandant l'abolition du *Calendrier républicain*, par des motifs de convenance sous lesquels ils dissimulaient les motifs secrets ; et ils terminaient leur mission par le vœu suivant qu'il est bon de transcrire :

« Un jour viendra, ne craignaient-ils pas de dire, où l'Europe, calmée, rendue à la paix, à ses conceptions utiles, à ses études savantes, sentira le besoin de perfectionner ses institutions sociales, de rapprocher les peuples, en leur rendant ces institutions communes ; où elle voudra marquer une ère mémorable par une manière générale et plus parfaite de la mesure du temps ; alors un nouveau calendrier pourra se composer pour l'Europe entière, pour l'univers politique et commerçant, des débris perfectionnés de celui auquel la France renonce en ce moment, afin de ne pas s'isoler du milieu de l'Europe. »

Nulle époque, autre que l'époque actuelle, ne nous semble plus propice pour la réalisation de ce vœu ; car nulle époque n'a plus multiplié que la nôtre les points de contact entre les diverses nationalités du globe.

Les savants contemporains de cette première recu-
lade de Laplace, se gardèrent bien de suivre un exemple aussi affligeant; et ils ne se firent pas faute d'appliquer à cette concession l'épithète qu'elle méritait. Sous
la Restauration même, alors que l'ambition de Laplace
était à son apogée et avait pour cortége une pléiade
de complaisants et de flatteurs, alors que le soi-disant
libéral François Arago ne se lassait pas d'attaquer de
ses pâteux lazzis l'œuvre de la Convention nationale,
nous retrouvons un savant utile et classique, L.-B.
Francœur, qui, tout professeur qu'il était de la faculté
des sciences de Paris et de l'École normale, n'hésitait
pas, dès 1818 (en pleine Restauration de 1815), à
consigner, dans son *Uranie ou Traité élémentaire d'As-
tronomie* (pag. 105), la protestation suivante contre le
malencontreux rétablissement du *Calendrier grégorien :* « On conçoit difficilement, dit-il, que par respect pour quelques usages du paganisme et par d'autres motifs aussi peu fondés, les hommes se soient
soumis à une aussi bizarre convention. La durée iné-
gale des mois, la distribution des épactes, la mobilité
des fêtes, tout porte dans ce calendrier le caractère de
la plus étrange et la plus inutile complication. Il n'y a
pas même jusqu'à l'intercalation qu'on ne soit en état
de regarder comme superflue ; cependant soumettons-
nous à la volonté générale, jusqu'à ce qu'on ait prononcé un arrêt philosophique. »

C'est pour satisfaire cette volonté générale des per-
sonnes qui identifient le *Calendrier grégorien* avec leur
culte, que nous le donnons ici en tête avec tout l'ap-
pareil de ses moindres détails, tout en ayant soin de
mettre en regard l'*Annuaire* et l'*Agenda agricole* du
Calendrier républicain adapté à cette année.

§ 6.

A la suite de ce double calendrier, nous avons noté, dans l'avant-dernière colonne, les phases lunaires, et, dans la dernière, les points lunaires et solaires indiqués comme époques d'un changement de temps dans notre système de météorologie. (Voyez l'explication de l'abréviation des noms de ces époques, et les définitions de leurs dénominations au n° V de ce livre, page 23.)

§ 7.

Comme l'histoire du passé est une grande leçon pour l'avenir, et que son étude philosophique rentre dans le plan de l'éducation de la jeunesse de notre temps, nous avons donné au n° VII un calendrier historique ou éphémérides de certains événements et de certains hommes. C'est un pendant de l'agenda agricole; car il serait bon que chaque jour, après la leçon d'économie agricole, l'instituteur ou le père de famille exposât l'historique de l'événement ou la vie de l'homme devenu célèbre par son dévouement, sa science ou par ses méfaits contre le progrès de l'humanité. On apprend presque autant à aimer la vertu, par l'intérêt que nous inspirent les souffrances et l'héroïsme des bons, que par la répulsion que nous causent les succès des méchants. Le nom de ces derniers est suivi sur ce tableau de trois points d'admiration renversés ¡¡¡. Les noms des hommes célèbres marqués d'un astérisque sont ceux dont le jour de la mort n'a pu être constaté; car nous avons oublié de dire que le jour auquel est inscrit le nom d'un homme est celui de sa mort; dernier jour qui couronne l'œuvre et achève de ranger

un mortel dans la catégorie des bons ou des méchants :
L'homme juste, dit un ancien sage de la Grèce, *est celui
qui est mort avant d'avoir failli.*

§ 8.

On trouvera au nº IX, une prévision rétrospec-
tive de la physionomie générale de chaque mois de
l'année 1865 ; nous l'avons extraite du tableau que
l'abbé Cotte, savant météorologue et philosophe de la
fin du dernier siècle et du commencement du siècle
présent, avait dressé de 1805 à 1898, sur la comparaison des années distantes de 19 ans entre elles. Car
Grandjean de Fouchy, de l'observatoire de Paris,
avait signalé à l'abbé Cotte l'influence de la période
lunaire de 19 ans sur le retour des phénomènes de la
température, vu que tous les 19 ans la lune revient au
même point par rapport à la terre.

Nos observations météorologiques, continuées nuit
et jour depuis 14 ans, nous avaient amené à des résultats confirmatifs de cette idée et d'une application bien
plus étendue. On a pu voir, par ce que nous en avons
publié dans l'avertissement du *Manuel annuaire de la
santé* pour 1864, combien l'événement s'est montré
conforme à cette prévision. Mais nous allons plus
loin ; et tout nous porte à admettre qu'avec quelques
modifications qui tiennent à des influences locales, et
en s'aidant des contre-indications des phases et points
lunaires que nous inscrivons dans le double almanach
du nº VI, on ne s'écartera pas beaucoup de la vérité
en prévoyant, pour les mois de l'anné 1865, le retour
presque journalier des phénomènes météorologiques,
qui ont eu lieu dans l'une des années de la période lu-

naire de 19 ans qui coïncident avec l'année 1865,
telles que l'une ou l'autre des années 1808, 1827 et
1846. C'est ce qui nous a engagé à joindre à ce recueil
la série des observations faites en 1808 à l'observatoire de Paris. La différence que l'on observera entre
les chiffres de ce tableau et ceux que l'on aura l'occasion de relever dans une autre localité plus ou moins
voisine, tiendront à la différence des hauteurs pour
les indications barométriques, et à celle des expositions pour les indications thermométriques.

§ 9.

Le traité succinct de météorologie qui vient à la suite
de ces tableaux, et forme le n° XI, exposera les principes au moyen desquels toutes ces indications peuvent servir à la prévision des changements de temps
à une époque quelconque de l'année.

§ 10.

On trouvera à la fin du traité succinct de météorologie, sous forme de résumé, la méthode pratique de
prévoir les changements de temps, par la combinaison
des phases et points lunaires qui occupent les deux
colonnes extrêmes de l'almanach proprement dit
(n° VI); indications que pourra corroborer, comme de
son témoignage anticipé, l'observation directe consi-
gnée le même jour dans le tableau n° X des phénomènes météorologiques qui ont eu lieu l'année 1808,
une des années qui, dans la période lunaire de 19 ans,
correspondent à l'année 1865.

§ **11**.

Nous avons jugé qu'il ne serait pas inutile de transcrire pour chaque jour les indications du lever et du coucher du soleil et de la lune, d'après la *connaissance des temps* pour 1865. Ces renseignements (n° VIII) peuvent servir en plus d'une circonstance de la vie domestique ou civile.

§ **12**.

Nous terminerons l'ouvrage par une série (n° XII) de maximes de conduite, d'économie, de prévoyance et de moralité à l'usage des travailleurs. Qui voudra les méditer et les suivre se garantira de bien des fautes, et se préservera de bien mauvais jours; il vivra ami de lui-même autant qu'ami des autres : toujours prudent et utile. Ce petit recueil est une préparation à l'étude et à la pratique de la philosophie, qui raisonne avant d'agir, qui approfondit avant de rien admettre, qui se dévoue, non à une coterie, mais au service de l'humanité.

N° I

L'année 1865 correspond :

Aux neuf derniers mois de l'an LXXIII, et aux trois premiers mois de l'an LXXIV de l'ère républicaine (qui commence au 22 septembre 1792) ;

A l'année 6578 de la période Julienne ;

A la 2641e des olympiades, ou à la première année de la 661e olympiade ;

A l'année 2618 de la fondation de Rome ;

A l'année 1281 des Turcs pour les cinq derniers mois, et à leur année 1282 pour les sept autres.

N° II

COMPUT ECCLÉSIASTIQUE.		QUATRE TEMPS.	
Nombre d'or en 1865....	4	Mars............	8, 10 et 11
Épacte.................	III	Juin............	7, 9 et 10
Cycle solaire..........	26	Septembre......	20, 22 et 23
Indiction romaine.......	8	Décembre.......	20, 22 et 23
Lettre dominicale.......	A		

FÊTES MOBILES DES CHRÉTIENS.

Septuagésime.	12 février.	Pentecôte.	4 juin.
Cendres......	1er mars	Trinité.	11 juin.
Pâques (1)....	16 avril.	Fête-Dieu.	15 juin.
Rogations. ...	22, 23 et 24 mai.	1er dimanche de l'A-	
Ascension. ...	25 mai.	vent.............	3 déc.

(1) La Pâque des Israélites tombe cette année le 11 avril, qui

N° III

COMMENCEMENT DES SAISONS EN 1865

PRINTEMPS....	le 20 mars	à 2 h. 15 m.	du soir.
ÉTÉ.........	le 21 juin	à 10 h. 54 m.	du matin.
AUTOMNE......	le 23 septembre	à 1 h. 9 m.	du matin.
HIVER.......	le 21 décembre	à 6 h. 58 m.	du soir.

N° IV

ÉCLIPSES EN 1865

Il y aura en 1865 deux éclipses de soleil et deux éclipses de lune :

Le 11 avril, éclipse partielle de lune en partie visible à Paris, de $2^h 11^m$ à $7^h 23^m$ du matin.

Le 25 avril, éclipse totale du soleil, invisible à Paris.

Le 4 octobre, éclipse partielle de lune, visible à Paris, de $8^h 34^m$ du soir à $1^h 4^m$ du matin.

Le 19 octobre, éclipse annulaire du soleil ; à Paris, éclipse partielle en partie visible de $4^h 25^m$ à $5^h 21^m$ du soir.

correspond au 16e jour de la lune et à un mardi de la semaine. L'Église transporte cette fête au dimanche qui suit (16 avril cette année), afin de ne pas la célébrer en même temps que la Synagogue. Les Juifs cependant la célèbrent le même jour que Jésus l'avait célébrée d'après la loi de Moïse.

N° V

EXPLICATION DES ABRÉVIATIONS ET SIGNIFICATION DES MOTS
EMPLOYÉS DANS LES DIVERS CALENDRIERS DE CE LIVRE.

Conjug. — CONJUGAISON, époque à laquelle la lune et
le soleil sont dans le plan du même degré de
latitude terrestre, c'est-à-dire au même degré
de déclinaison.

Eq. L. — EQUILUNE, époque à laquelle la lune se
trouve sur la ligne équinoxiale ou équateur,
c'est-à-dire à 0° de déclinaison.

Equinoxe. — Époque à laquelle le soleil se trouve sur
la ligne équinoxiale, c'est-à-dire à 0° de déclinaison, de manière que les nuits (*noctes*) soient
égales (*æquæ*) aux jours. Le soleil passe deux
fois chaque année sur cette ligne ; l'une qui détermine le commencement de la saison du printemps (*équinoxe du printemps*) et l'autre celui de
la saison de l'automne (*équinoxe d'automne*).

L. A. — LUNESTICE AUSTRAL, époque à laquelle la lune
a atteint son plus haut degré de déclinaison
ou sa plus grande distance de l'équateur dans
la région australe du ciel.

L. B. — LUNESTICE BORÉAL, époque à laquelle la lune
a atteint son plus haut degré de déclinaison ou
sa plus grande distance de l'équateur dans la
région boréale du ciel.

N. L. — NOUVELLE LUNE (*néoménie*), lune en conjonction avec le soleil ; époque où la lune et le soleil se trouvent sur la même longitude.

P. L. — PLEINE LUNE, lune en opposition diamétrale

avec le soleil, c'est-à-dire se trouvant à 180°
de la longitude du soleil.

N. B. on appelle ces deux phases les Syzygies.

P. Q. — Premier quartier, époque où la lune passe au
méridien à 6ʰ du soir, et où sa moitié éclairée
regard e lecouchant.

D. Q. — Dernier quartier, époque où la lune passe
au méridien à 6ʰ du matin et où sa moitié
éclairée regarde le levant.

N. B. Dans les quartiers, les longitudes de la
lune et du soleil diffèrent de 90°; on les appelle
aussi les quadratures, vu que la distance de 90°
est le quart du cercle divisé en 360°.

Solstice. — Epoque où le soleil a atteint son plus
haut degré de déclinaison, c'est-à-dire sa plus
grande distance de la ligne équinoxiale, soit
dans la région boréale (*solstice d'été* où commence la saison de l'été), soit dans la région
australe (*solstice d'hiver* où commence la saison
de l'hiver).

Apogée. — Epoque où le soleil et la lune sont à leur
plus grande distance de la terre.

Périgée. — Epoque où le soleil et la lune sont à leur
moindre distance de la terre. Dans le calendrier météorologique, ces deux ndications ne
s'appliquent qu'à la lune.

j. — Jour.

h. — Heure.

m. — Minute.

° (en haut d'un chiffre). — Degré de la division adop-
tée pour la mesure du cercle ou d'un instrument météorologique. — Exemple : 20° de lat.
= vingtième degré du cercle méridien divisé

en 360 parties égales ; — 20° centigrade =
vingtième dégré du tube thermométrique sur
lequel la distance du point de la glace fondante
au point d'ébullition a été divisée en cent par-
tieségales.

PHASES. — Ce mot qui signifie en grec *apparences* sert
à désigner les *syzygies* et les *quadratures,* ces
quatre principaux aspects de la lune.

POINTS LUNAIRES. — Ce mot désigne, outre la conjugaison, les positions de la lune qui sont analogues aux équinoxes et aux solstices.

Bar. — BAROMÈTRE, instrument destiné à mesurer la
hauteur ou pesanteur de la colonne ou cône
atmosphérique, par la hauteur de la colonne
de mercure qui lui fait contre-poids (du grec
baros pesanteur et *metron* mesure).

Ther. — THERMOMÈTRE, Instrument destiné à évaluer l'élévation ou l'abaissement de la température de l'air (de *thermé* chaleur et *metron*
mesure).

Météorologique (Calendrier). — Partie du calendrier
qui indique les phases et les points lunaires,
comme points de repère pour prévoir avec
une certaine probabilité les changements et
phénomènes atmosphériques.

Mois solaire. — Nombre de jours variable de 28 à 31
dans le Calendrier grégorien ou Calendrier
catholique, et invariable (de 30 jours) dans le
Calendrier républicain.

Mois lunaire, synodique. — Nombre de jours et heures que la lune met à revenir en conjonction
avec le soleil ; ces mois lunaires sont presque
alternativement de 29 et de 30 jours dans les

2

calendriers, vu que le mois synodique est de 29 jours 12^h 44^m environ.

Mois lunaire périodique. — Nombre de jours et heures que la lune met à faire le tour du zodiaque, c'est-à-dire à revenir au point du zodiaque d'où elle était partie. Ce mois est de 27 jours 7^h 45^m environ. C'est pour nous le vrai mois météorologique, celui qui reproduit aux mêmes époques les mêmes dépressions atmosphériques, c'est-à-dire qui détermine les mêmes tendances à l'élévation ou à l'abaissement de la colonne barométrique. Il est rationnel de le compter d'un lunestice austral (L. A). à l'autre.

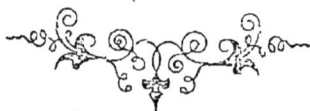

N° **VI**

———

CONCORDANCE

ou

TRIPLE CALENDRIER

GRÉGORIEN,

RÉPUBLICAIN

ET

MÉTÉOROLOGIQUE (1);

POUR L'ANNÉE 1865.

———

(1) Le *Calendrier grégorien* est le calendrier légal en France depuis 1806. Le *Calendrier républicain* a été le calendrier légal de 1792, ou plutôt 1793, jusqu'en 1806.: pendant près de treize ans d'exercice sur toute l'étendue du territoire français d'alors.

— 28 —

CALENDRIER GRÉGORIEN.		CALENDRIER RÉPUBLICAIN et AGENDA AGRICOLE.		J. lunair.	Phases lunaires	Points lunaires et solaires.
JANVIER		**NIVOSE**				
1 dim.	Circoncision.	12 duodi.	Argile.	4		Périgée
2 lundi	st Basile, év.	13 tridi.	Ardoise.	5		
3 mar.	se Geneviève.	14 quart.	Grès.	6		Eq. L.
4 mer.	st Rigobert.	15 quint.	Lapin.	7	P.Q.	
5 jeudi	st Siméon.	16 sextidi.	Silex.	8		
6 ven.	les Rois.	17 septidi.	Marne.	9		
7 sam.	se Mélanie.	18 octidi.	Pier. à chaux	10		
8 dim.	st Lucien.	19 nonidi.	Marbre.	11		
9 lundi	st Pierre, év.	20 décadi.	VAN.	12		L. B.
10 mar.	st Paul, erm.	21 primed.	Pier. à plâtr.	13		
11 mer.	st Théodose.	22 duodi.	Sel.	14	P.L.	
12 jeudi	st Arcade, m.	23 tridi.	Fer.	15		
13 ven.	Bapt. de J.-C.	24 quart.	Cuivre.	16		
14 sam.	st Hilaire, év.	25 quint.	Chat.	17		
15 dim.	st Maur, abbé	26 sextidi.	Etain.	18		
16 lundi	st Guillaume.	27 septidi.	Plomb.	19		Eq. L.
17 mar.	st Antoin. ab.	28 octidi.	Zinc.	20		Apogée.
18 mer.	Ch. de s. Pier.	29 nonidi.	Mercure.	21		
19 jeudi	st Sulpice év.	30 décadi.	CRIBLE.	22		
		PLUVIOSE				
20 ven.	st Sébastien.	1 primed.	Lauréole.	23	D.Q.	
21 sam.	se Agnès, v.	2 duodi.	Mousse.	24		
22 dim.	st Vincent.	3 tridi.	Fragon.	25		
23 lundi	st Ildefonse.	4 quart.	Perce-neige.	26		Conjug
24 mar.	st Babylas.	5 quint.	Taureau.	27		L. A.
25 mer.	Co. des. Paul.	6 sextidi.	Laur.-thym.	28		
26 jeudi	se Paule, ve.	7 septidi.	Amadouvier	29		
27 ven.	st Julien, év.	8 octidi.	Mézéréon.	1	N.L.	
28 sam.	st Charlemag.	9 nonidi.	Peuplier.	2		
29 dim.	st F. de Sales.	10 décadi.	COIGNEE.	3		Périgée
30 lundi	se Bathilde.	11 primed.	Ellébore.	4		Eq. L.
31 mar.	se Marcelle.	12 duodi.	Brocoli.	5		

Phases lunaires.

P. Q. le 4 à 3 h. 52 m. du s.
P. L. le 11 à 11 h. 9 m. du s.
D. Q. le 20 à 2 h. 45 m. du m.
N. L. le 27 à 9 h. 39 m. du m.

Points lunaires.

Eq. L. le 3 à 1 h. du matin. | Conjug. le 23 vers 4 h. du s.
L. B. le 9 à 3 h. du soir. | L. A. le 24 à 5 h. du matin.
Eq. L. le 16 à 10 h. du soir. | Eq. L. le 30 à 10 h. du mat.

CALENDRIER GRÉGORIEN.	CALENDRIER RÉPUBLICAIN et AGENDA AGRICOLE.		J. lunair.	Phases lumières	Points lunaires et solaires.
FÉVRIER	**PLUVIOSE**				
1 mer. st Ignace.	13 tridi.	Laurier.	6		
2 jeudi PURIFICATION.	14 quart.	Aveline.	7		
3 ven. st Blaise.	15 quint.	VACHE.	8	P.Q.	
4 sam. st Gilbert.	16 sextidi.	Buis.	9		
5 dim. se Agathe.	17 septidi.	Lichen.	10		L. B.
6 lundi st Vaast, év.	18 octidi.	If.	11		
7 mar st Romuald.	19 nonidi.	Pulmonaire.	12		
8 mer. st Jean de M.	20 DÉCADI.	SERPETTE.	13		
9 jeudi se Apolline.	21 prim.	Thlaspic.	14		
10 ven. se Scholastiq.	22 duodi.	Thymelée.	15	P.L.	
11 sam. st Séverin.	23 tridi.	Chiendent.	16		
12 dim. Septuagésime	24 quart.	Trainasse.	17		Eq. L.
13 lundi st Grégoire.	25 quint.	LIÈVRE.	18		Apogée
14 mar. st Valentin.	26 sextidi.	Guède.	19		
15 mer. st Faustin.	27 septidi.	Noisetier.	20		
16 jeudi st Flavien.	28 octidi.	Ciclamen.	21		Conjug
17 ven. st Théodule.	29 nonidi.	Chélidoine.	22		
18 sam. st Siméon.	30 DÉCADI.	TRAINEAU.	23	D.Q.	
	VENTOSE				
19 dim. st Boniface.	1 prim.	Tussilage.	24		
20 lundi st Eleuthèrc.	2 duodi.	Cornouillier	25		L. A.
21 mar. st Pépin.	3 tridi.	Violier.	26		
22 mer. se Isabelle.	4 quart.	Troêne.	27		
23 jeudi st Méraut.	5 quint.	Bouc.	28		
24 ven. st Mathias.	6 sextidi.	Asaret.	29		Conjug.
25 sam. st Nicéphore	7 septidi.	Alaterne.	30	N.L.	Périgée
26 dim. st Nestor.	8 octidi.	Violette.	1		Eq. L.
27 lundi st Léandre.	9 nonidi.	Marceau.	2		
28 mar. se Honorine.	10 DÉCADI.	BÊCHE.	3		

Phases lunaires.

P. Q. le 3 à 1 h. 18 m. du m.
P. L. le 10 à 4 h. 38 m. du s.
D. Q. le 18 à 9 h. 47 m. du s.
N. L. le 25 à 8 h. 12 m. du s.

Points lunaires.

L. B. le 5 à 10 h. du soir. | Conjug. le 24 vers 10 h. du s,
Eq. L. le 13 à 6 h. du mat. | L. A. le 20 à 3 h. du soir,
Conjug. le 16 vers 3 h. du s. | Eq. L. le 26 à 8 h. du soir.

2.

CALENDRIER GRÉGORIEN.		CALENDRIER RÉPUBLICAIN et AGENDA AGRICOLE.		J. lunair.	Phases lunaires	Points lunaires et solaires.
MARS		**VENTOSE**				
1 mer.	*Cendres.*	11 prim.	Narcisse.	4		
2 jeudi	st Simplice.	12 duodi.	Orme.	5		
3 ven.	se Cunégonde	13 tridi.	Fumeterre.	6		
4 sam.	st Casimir.	14 quart.	Velar.	7	P.Q.	L. B.
5 dim.	st Théophile.	15 quint.	Chèvre.	8		
6 lundi	se Colette.	16 sextidi.	Epinards.	9		
7 mar.	st Thom. d'A.	17 septidi.	Doronic.	10		
8 mer.	st J. de Dieu.	18 octidi.	Mouron.	11		
9 jeudi	se Françoise.	19 nonidi.	Cerfeuil.	12		
10 ven.	st Droctovée.	20 DÉCADI.	CORDEAU.	13		
11 sam.	st Euloge.	21 prim.	Mandragore	14		
12 dim.	st Grégoire.	22 duodi.	Persil.	15	P.L.	Conjug.
13 lundi	se Euphrasie.	23 tridi.	Cochléaria.	16		Apogée.
14 mar.	st Lubin, év.	24 quart.	Pâquerette.	17		
15 mer.	st Zacharie.	25 quint.	Thon.	18		
16 jeudi	st Cyriaque.	26 sextidi.	Pissenlit.	19		
17 ven.	se Gertrude.	27 septidi.	Silvye.	20		
18 sam.	st Alexandre.	28 octidi.	Capillaire.	21		
19 dim.	st Joseph.	29 nonidi.	Frêne.	22		L. A.
20 lundi	st Joachim.	30 DÉCADI.	PLANTOIR.	23	D.Q.	Equinoxe du print.
		GERMINAL				
21 mar.	st Benoist, p.	1 prim.	Primevère.	24		
22 mer.	st Emile.	2 duodi.	Platane.	25		
23 jeudi	st Victorien.	3 tridi.	Asperge.	26		
24 ven.	st Simon, m.	4 quart.	Tulipe.	27		
25 sam.	se Berthe.	5 quint.	Poule.	28		
26 dim.	st Ludger.	6 sextidi.	Bette.	29		Eq. L.
27 lundi	st Jean, erm.	7 septidi.	Bouleau.	1	N.L.	Conjng.
28 mar.	st Gontran.	8 octidi.	Jonquille.	2		Périgée
29 mer.	st Marc, év.	9 nonidi.	Aulne.	3		
30 jeudi	st Rieul.	10 DÉCADI.	COUVOIR.	4		
31 ven.	se Balbine.	11 prim.	Pervenche.	5		

Phases lunaires.

P. Q. le 4 à 0 h. 28 m. du s.
N. L. le 12 à 10 h. 51 m. du m.
D. Q. le 20 à 0 h. 45 m. du s.
L. le 27 à 5 h. 37 m. du m.

Points lunaires.

L. B. le 5 à 4 h. du matin.
Eq. L. le 12 à midi.
Conj. le 13 vers 6 h. du m.

L. A. le 19 à 11 h. du s.
Éq. L. le 26 à 8 h. du mat.
Conj. le 26 vers 7 h. du s.

CALENDRIER GRÉGORIEN.	CALENDRIER RÉPUBLICAIN et AGENDA AGRICOLE.		J. lunai.	Phases lunaires	Points lunaires et solaires.
AVRIL	**GERMINAL**				
1 sam. st Hugues, év.	12 duodi.	Charme.	6		L. B.
2 dim. st Fr. de Paul.	13 tridi.	Morille.	7		
3 lundi st Richard.	14 quart.	Hêtre.	8	P.Q.	
4 mar. st Ambroise.	15 quint.	ABEILLE.	9		
5 mer. st Gérard.	16 sextidi.	Laitue.	10		
6 jeudi se Prudence.	17 septidi.	Mélèze.	11		
7 ven. st Romuald.	18 octidi.	Ciguë.	12		Conjug.
8 sam. st Edèse.	19 nonidi.	Radis.	13		Eq. L.
9 dim. se Marie, égy.	20 DÉCADI.	RUCHE.	14		Apogée
10 lundi st Macaire.	21 prim.	Gaînier.	15		Éclip.
11 mar. st Léon, pape	22 duodi.	Romaine.	16	P.L.	partiell.
12 mer. st Jules, pape	23 tridi.	Maronnier.	17		de lune.
13 jeudi st Marcellin.	24 quart.	Roquette.	18		
14 ven. st Tiburce.	25 quint.	PIGEON.	19		
15 sam. st Maxime.	26 sextidi.	Lilas.	20		
16 dim. PAQUES.	27 septidi.	Anémone.	21		L. A.
17 lundi st Anicet, p.	28 octidi.	Pensée.	22		
18 mar. st Parfait, pr.	29 nonidi.	Myrtille.	23	D.Q.	
19 mer. st Timon.	30 DÉCADI.	GREFFOIR.	24		
	FLORÉAL				
20 jeudi st Théodore.	1 prim.	Rose.	25		
21 ven. st Anselme.	2 duodi.	Chêne.	26		
22 sam. se Opportune.	3 tridi.	Fougère.	27		Eq. L.
23 dim. st Georg., m.	4 quart.	Aubépine.	28		Périgée
24 lundi st Léger.	5 quint.	ROSSIGNOL.	29		
25 mar. st Marc, év.	6 sextidi.	Ancolie.	30	N.L.	Conjug.
26 mer. st Clet, pape.	7 septidi.	Muguet.	1		
27 jeudi st Polycarpe.	8 octidi.	Champignon	2		
28 ven. st Vital, mar.	9 nonidi.	Hyacinthe.	3		L. B.
29 sam. st Robert, ab.	10 DÉCADI.	RATEAU.	4		
30 dim. st Eutrope.	11 prim.	Rhubarbe.	5		

Phases lunaires.

P. Q. le 3 à 1 h. 28 m. du m.
P. L. le 11 à 4 h. 37 m. du m.
D. Q. le 18 à 11 h. 29 m. du s.
N. L. le 25 à 2 h. 28 m. du s.

Points lunaires.

L. B. le 1 à 11 h. du matin. | Eq. L. le 22 à 6 h. du soir.
Conj. le 6 vers 11 h. du s. | Conj. le 25 vers 6 h. du s.
Eq. L. le 8 à 6 h. du soir. | L. B. le 28 à 8 h. du soir.
L. A. le 16 à 5 h. du m.

CALENDRIER GRÉGORIEN.	CALENDRIER RÉPUBLICAIN et AGENDA AGRICOLE.		J. lunair.	Phases lunaires	Points lunaires et solaires.
MAI	**FLORÉAL**				
1 lundi st Jaq. s. Phil.	12 duodi.	Sainfoin.	6		Conjug.
2 mar. st Athanase.	13 tridi.	Bouton d'or.	7	P.Q.	
3 mer. Inv. Se Croix.	14 quart.	Chamérisier	8		
4 jeudi se Monique.	15 quint.	VER A SOIE.	9		
5 ven. C. s. Augustin	16 sextidi.	Consoude.	10		Eq. L.
6 sam. st Jean P. L.	17 septidi.	Pimprenelle	11		Apogée.
7 dim. st Stanislas.	18 octidi.	Corbeil. d'or	12		
8 lundi st Désiré, év.	19 nonidi.	Arroche.	13		
9 mar. st Hermas.	20 DÉCADI.	SARCLOIR.	14		
10 mer. st Gordien.	21 prim.	Statice.	15	P.L.	
11 jeudi st Mamert.	22 duodi.	Fritillaire.	16		
12 ven. st Epiphane.	23 tridi.	Bourrache.	17		
13 sam st Servais.	24 quart.	Valériane.	18		L. A.
14 dim. st Boniface.	25 quint.	CARPE.	19		
15 lundi st Isidore.	26 sextidi.	Fusain.	20		
16 mar. st Honoré.	27 septidi.	Civette.	21		
17 mer. st Pascal.	28 octidi.	Buglose.	22		
18 jeudi st Eric, roi.	29 nonidi.	Sénevé.	23	D.Q.	
19 ven. st Yves.	30 DÉCADI.	HOULETTE	24		Eq. L.
	PRAIRIAL				
20 sam. st Bernardin.	1 prim.	Luzerne.	25		
21 dim. st Hospice.	2 duodi.	Hémérocall.	26		
22 lundi se Hélène.	3 tridi.	Trèfle.	27		Périgée
23 mar. st Didier, év.	4 quart.	Angélique.	28		
24 mer. st Donatien.	5 quint.	CANARD.	29	N.L.	
25 jeudi ASCENSION.	6 sextidi.	Mélisse.	1		
26 ven. st Quadrat.	7 septidi.	Fromental.	2		L. B.
27 sam. st Hildevert.	8 octidi.	Martagon.	3		
28 dim. st Germ., év.	9 nonidi.	Serpolet.	4		
29 lundi st Maxime.	10 DÉCADI	FAULX.	5		
30 mar. se Emmélie.	11 prim.	Fraise.	6		
31 mer. se Pétronille.	12 duodi.	Bétoine.	7		

Phases lunaires.

P. Q. le 2 à 4 h. 14 m. du s.
P. L. le 10 à 8 h. 32 m. du s.
D. Q. le 18 à 6 h. 49 m. du m.
N. L. le 24 à 10 h. 59 m. du s.

Points lunaires.

Conj. le 1 vers 4 h. du s.
Eq. L. le 6 à 1 h. du mat.
L. A. le 13 à 10 h. du mat.
Eq. L. le 20 à 2 h. du mat.
L. B. le 26 à 7 h. du matin.

CALENDRIER GRÉGORIEN.	CALENDRIER RÉPUBLICAIN et AGENDA AGRICOLE.		J. lunair.	Phases lunaires	Points lunaires et solaires.
JUIN	**PRAIRIAL**				
1 jeudi st Pamphile.	13 tridi.	Pois.	8	P.Q.	
2 ven. st Pothin.	14 quart.	Acaccia.	9		Eq. L.
3 sam. se Clotilde.	15 quint.	CAILLE.	10		
4 dim. PENTECÔTE.	16 sextidi.	OEillet.	11		Apogée.
5 lundi st Genès.	17 septidi.	Sureau.	12		
6 mar. st Claude, év.	18 octidi.	Pavot.	13		
7 mer. st Lié.	19 nonidi.	Tilleul.	14		
8 jeudi st Médard.	20 DÉCADI.	FOURCHE.	15		
9 ven. se Marianne.	21 prim.	Barbeau.	16	P.L.	L. A.
10 sam. st Landri.	22 duodi.	Camomille.	17		
11 dim. TRINITÉ.	23 tridi.	Chèvrefeuil.	18		
12 lundi se Olympe.	24 quart.	Caille-lait.	19		
13 mar. st Ant. de Pa.	25 quint.	TANCHE.	20		
14 mer. st Rufin.	26 sextidi.	Jasmin.	21		
15 jeudi FÊTE-DIEU.	27 septidi.	Verveine.	22		
16 ven. st Fargeau.	28 octidi.	Thym.	23	D.Q.	Eq. L.
17 sam. st Avit.	29 nonidi.	Pivoine.	24		
18 dim. se Marine.	30 DÉCADI.	CHARIOT.	25		Périgée
	MESSIDOR				
19 lundi s. Ger. s. Pro.	1 prim.	Seigle.	26		
20 mar. st Sylvère.	2 duodi.	Avoine.	27		
21 mer. st Leufroi.	3 tridi.	Oignon.	28		Solstice
22 jeudi st Alban.	4 quart.	Véronique.	29		L. B.
23 ven. st Jacques.	5 quint.	MULET.	30	N.L.	
24 sam. N. de s. J.-B.	6 sextidi.	Romarin.	1		
25 dim. st Prosper.	7 septidi.	Concombre.	2		
26 lundi st Babolein.	8 octidi.	Échalotte.	3		
27 mar. st Crescent.	9 nonidi.	Absynthe.	4		
28 mer. s. Irénée.	10 DÉCADI.	FAUCILLE.	5		
29 jeudi st Pier. s. Pa!.	11 prim.	Coriandre.	6		Eq. L.
30 ven. C. des. Paul.	12 duodi.	Artichaut.	7		

Phases lunaires.	Points lunaires.	
P. Q. le 1 à 8 h. 31 m. du m.		
P. L. le 9 à 9 h. 50 m. du m.	Eq. L. le 2 à 9 h. du mat.	L. B. le 22 à 5 h. du soir.
D. Q. le 16 à 0 h. 2 m. du s.	L. A. le 9 à 6 h. du soir.	Eq. L. le 29 à 6 h. du soir.
N. L. le 23 à 8 h. 7 m. du m.	Eq. L. le 16 à 8 h. du m.	

CALENDRIER GRÉGORIEN.	CALENDRIER RÉPUBLICAIN et AGENDA AGRICOLE.	J. lunair.	Phases lunaires.	Points lunaires et solaires.
JUILLET	**MESSIDOR**			
1 sam. st Léonore.	13 tridi. Giroflée.	8	P.Q.	Apogée.
2 dim. Vis. de la Vier.	14 quart. Lavande.	9		
3 lundi st Anatole, év.	15 quint. CHAMOIS.	10		
4 mar. se Berthe.	16 sextidi. Tabac.	11		
5 mer. se Zoé, mart.	17 septidi. Groseille.	12		
6 jeudi st Tranquillin	18 octidi. Gesse.	13		
7 ven. se Aubierge.	19 nonidi. Cerise.	14		L. A.
8 sam. se Elisabeth.	20 DÉCADI. PARC.	15	P.L.	
9 dim. st Cyrille.	21 prim. Menthe.	16		
10 lundi se Félicité.	22 duodi. Cumin.	17		
11 mar. Tr. st Benoît.	23 tridi. Haricot.	18		
12 mer. st Gualbert.	24 quart. Orcanète.	19		Eq. L.
13 jeudi st Gabriel.	25 quint. PINTADE.	20		Périgée
14 ven. st Bonavent.	26 sextidi. Sauge.	21		
15 sam. st Henri, em.	27 septidi. Ail.	22	D.Q.	
16 dim. st Eust., év.	28 octidi. Vesce.	23		
17 lundi st Alexis.	29 nonidi. Blé.	24		
18 mar. st Clair.	30 DÉCADI. CHALÉMIE.	25		
	THERMIDOR			
19 mer. st Vinc. de P.	1 prim. Épeautre.	26		
20 jeudi se Marguerit.	2 duodi. Bouillon bl.	27		L. B.
21 ven. st Victor, m.	3 tridi. Melon.	28		
22 sam. se Marie-Mad.	4 quart. Ivraie.	29	N.L.	
23 dim. st Apollinair.	5 quint. BÉLIER.	1		
24 lundi se Christine.	6 sextidi. Prèle.	2		
25 mar. st Jacq. le M.	7 septidi. Armoise.	3		
26 mer. T. de st Marc.	8 octidi. Carthame.	4		
27 jeudi st Pantaléon.	9 nonidi. Mûres.	5		Eq. L.
28 ven. se Anne.	10 DÉCADI. ARROSOIR.	6		Apogée.
29 sam. se Marthe.	11 prim. Panis.	7		
30 dim. st Sylvain.	12 duodi. Salicor.	8	P.Q.	
31 lundi st Germain.	13 tridi. Abricot.	9		

Phases lunaires.
P. Q. le 1 à 1 h. 50 m. du m.
P. L. le 8 à 8 h. 36 m. du s.
D. Q. le 15 à 4 h. 95 m. du s.
N. L. le 22 à 6 h. 39 m. du s.
P. Q. le 30 à 7 h. 18 m. du s.

Points lunaires.
L. A. le 7 à 3 h. du m.
Eq. L. le 13 à 8 h. du s.
L. B. le 20 à 1 h. du m.
Eq. L. le 27 à 3 h. du m.

CALENDRIER GRÉGORIEN.		CALENDRIER RÉPUBLICAIN et AGENDA AGRICOLE.		J. lunair.	Phases lunaires.	Points lunaires et solaires.
AOUT		**THERMIDOR**				
1 mar.	se Sophie.	14 quart.	Basilic.	10		
2 mer.	st Etienne, P.	15 quint.	BREBIS.	11		
3 jeudi	st Geoffroi.	16 sextidi.	Guimauve.	12		L. A.
4 ven.	st Dominique	17 septidi.	Lin.	13		
5 sam.	st Yon.	18 octidi.	Amande.	14		
6 dim.	Tr. de N.-S.	19 nonidi.	Gentiane.	15		
7 lundi	st Gaétan.	20 DÉCADI.	ECLUSE.	16	P.L	
8 mar.	st Justin, m.	21 prim.	Carline.	17		Eq. L.
9 mer.	st Romain.	22 duodi.	Caprier.	18		Périgée
10 jeudi	st Laurent.	23 tridi.	Lentille.	19		
11 ven.	Sus. se Cour.	24 quart.	Aunée.	20		
12 sam.	se Claire, v.	25 quint.	LOUTRE.	21		
13 dim.	st Hippolyte.	26 sextidi.	Myrthe.	22	D.Q.	Conjug.
14 lundi	st Eusèbe.	27 septidi.	Colza.	23		
15 mar.	ASSOMPTION.	28 octidi.	Lupin.	24		
16 mer.	st Roch, conf.	29 nonidi.	Coton.	25		L. B.
17 jeudi	st Mammès.	30 DÉCADI.	MOULIN.	26		
		FRUCTIDOR				
18 ven.	se Hélène,im.	1 prim.	Prune.	27		
19 sam.	st Louis, év.	2 duodi.	Millet.	28		Conjug.
20 dim.	st Bernar. ab.	3 tridi.	Lycoperde.	29		
21 lundi	st Privat.	4 quart.	Escourgeon.	1	N.L.	
22 mar.	st Symphor.	5 quint.	SAUMON.	2		
23 mer.	st Sidoine,év.	6 sextidi.	Tubéreuse.	3		Eq. L.
24 jeudi	st Barthélem.	7 septidi.	Sucrion.	4		
25 ven.	st Louis, roi.	8 octidi.	Apocyn.	5		Apogée.
26 sam.	st Zéphirin,p.	9 nonidi.	Réglisse.	6		
27 dim.	st Césaire.	10 DÉCADI.	ECHELLE.	7		
28 lundi	st Augustin.	11 prim.	Pastèque.	8		
29 mar.	st Médéric ab.	12 duodi.	Fenouil.	9	P.Q.	
30 mer.	st Fiacre.	13 tridi.	Epine-vinet.	10		L. A.
31 jeudi	st Ovide.	14 quart.	Noix.	11		

Phases lunaires.

P. L. le 7 à 5 h. 38 m. du mat.
D. Q. le 13 à 9 h. 51 m. du s.
N. L. le 21 à 7 h. 26 m. du m.
P. Q. le 29 à 11 h. 56 m. du m.

Points lunaires.

L. A. le 3 à 1 h. du s.
Eq. L. le 9 à 11 h. du s.
Conj. le 13 vers 1 h. du s.

L. B. le 16 à 8 h. du m.
Eq. L. le 23 à 11 h. du m.
L. A. le 30 à 11 h. du s.

CALENDRIER GRÉGORIEN.		CALENDRIER RÉPUBLICAIN et AGENDA AGRICOLE.		J. lunair.	Phases lunaires.	CALENDRIER VÉTÉOROLOG. Points lunaires et solaires.
SEPTEMBRE		**FRUCTIDOR**				
1 ven.	st Lazare.	15 quint.	TRUITE.	12		
2 sam.	st Antonin.	16 sextidi.	Citron.	13		
3 dim.	st Ambroise.	17 septidi.	Cardière.	14		
4 lundi	se Rosalie.	18 octidi.	Nerprun.	15		
5 mar.	st Bertin, ab.	19 nonidi.	Tagette.	16	P.L.	Eq. L.
6 mer.	st Eleuthèr.p.	20 DÉCADI.	HOTTE.	17		Périgée
7 jeudi	st Cloud, pr.	21 prim.	Eglantier.	18		Conjug.
8 ven.	Nat. de la V.	22 duodi.	Noisette.	19		
9 sam.	st Omer, év.	23 tridi.	Houblon.	20		
10 dim.	st Nicolas.	24 quart.	Sorgho.	21		
11 lundi	st Hyacinthe.	25 quint.	ÉCREVISSE.	22		
12 mar.	st Raphaël.	26 sextidi.	Bigarade.	23	D.Q.	L. B.
13 mer.	st Maurille.	27 septidi.	Verge d'or.	24		
14 jeudi	Exal. de la Cr.	28 octidi.	Maïs.	25		
15 ven.	st Nicomède.	29 nonidi.	Marron.	26		
16 sam.	se Euphémie.	30 DÉCADI.	PANIER.	27		
		Jours complémentaires.				
17 dim.	st Lambert.	1 prim.	de la Vertu.	28		
18 lundi	st Jean-Chry.	2 duodi.	du Génie.	29		Conjug.
19 mar.	st Janvier.	3 tridi.	du Travail.	30	N.L.	Eq. L.
20 mer.	st Eustache.	4 quart.	de l'Opinion.	1		
21 jeudi	st Math., ap.	5 quint.	DES RÉCOMP.	2		
22 ven.	st Maurice.	6 sextidi.	Jeux nation.	3		Apogée.
		VENDÉMIAIRE				
23 sam.	se Thècle.	1 prim.	Raisin.	4		Equino-
24 dim.	st Andoche.	2 duodi.	Safran.	5		xe d'aut.
25 lundi	st Firmin, év.	3 tridi.	Châtaigne.	6		
26 mar.	se Justine.	4 quart.	Colchique.	7		
27 mer.	st Cosme,stD.	5 quint.	CHEVAL.	8		L. A.
28 jeudi	st Venceslas.	6 sextidi.	Balsamine.	9	P.Q.	
29 ven.	st Michel,arc.	7 septidi.	Carotte.	10		
30 sam.	st Jérôme, pr.	8 octidi.	Amaranthe.	11		

Phases lunaires.

P. L. le 5 à 2 h. 1 m. du s.
D. Q. le 12 à 5 h. 7 m. du m.
N. L. le 19 à 10 h. 55 m. du s.
P. Q. le 28 à 2 h. 56 m. du m.

Points lunaires.

Eq. L. le 6 à 9 h. du m.
Conj. le 7 vers 3 h. du s.
L. B. le 12 à 2 h. du s.

Conj. le 19 vers 10 h. du m.
Eq. L. le 19 à 6 h. du s.
L. A. le 27 à 7 h. du m.

CALENDRIER GRÉGORIEN.	CALENDRIER RÉPUBLICAIN et AGENDA AGRICOLE.		J. lunair.	Phases luna res.	CALENDRIER MÉTÉOROLOG. Points lunaires et solaires.
OCTOBRE	**VENDÉMIAIRE**				
1 dim.	st Remi, év.	9 nonidi.	Panais.	12	
2 lundi	ss. Anges gar.	10 DÉCADI.	CUVE.	13	Eq. L.
3 mar.	st Denis l'Ar.	11 prim.	Pomm. terr.	14	Conjug.
4 mer.	st Fran. d'As.	12 duodi.	Immortelle.	15	P.L. Eclip.L.
5 jeudi	se Aure, abb.	13 tridi.	Potiron.	16	Périgée
6 ven.	st Bruno,inst.	14 quart.	Réséda.	17	
7 sam.	se Julie.	15 quint.	ANE.	18	
8 dim.	st Daniel.	16 sextidi.	Belle de nuit.	19	
9 lundi	st Denis, év.	17 septidi.	Citrouille.	20	L. B.
10 mar.	st Paulin, év.	18 octidi.	Sarrasin.	21	
11 mer.	st Nicaise.	19 nonidi.	Tournesol.	22	D.Q
12 jeudi	st Wilfrid.	20 DÉCADI.	PRESSOIR.	23	
13 ven.	st Géraud, c.	21 prim.	Chanvre.	24	
14 sam.	st Caliste, p.	22 duodi.	Pêche.	25	
15 dim.	se Thérèse.	23 tridi.	Navet.	26	
16 lundi	st Gall, év.	24 quart.	Amaryllis.	27	Eq. L..
17 mar.	st Florent.	25 quint.	BŒUF.	28	Apogée
18 mer.	st Luc, év.	26 sextidi.	Aubergine.	29	
19 jeudi	st Savinien.	27 septidi.	Piment.	30	N.L. Conjug. Eclip.S.
20 ven.	st Caprais.	28 octidi.	Tomate.	I	
21 sam.	se Ursule.	29 nonidi.	Orge.	2	
22 dim.	st Mellon, év.	30 DÉCADI.	TONNEAU.	3	
	BRUMAIRE				
23 lundi	st Hilarion.	1 prim.	Pomme.	4	
24 mar.	st Magloire.	2 duodi.	Céleri.	5	L. A.
25 mer.	ss. Crép.etCr.	3 tridi.	Poire.	6	
26 jeudi	st Evariste.	4 quart.	Betterave.	7	
27 ven.	st Frumence.	5 quint.	OIE.	8	P.Q.
28 sam.	st Simon.	6 sextidi.	Héliotrope.	9	Conjug.
29 dim.	st Narcisse.	7 septidi.	Figue.	10	
30 lundi	st Lucain.	8 octidi.	Scorsonère.	11	
31 mar.	st Quentin.	9 nonidi.	Alisier.	12	Eq. L.

Phases lunaires.
P. L. le 4 à 10 h. 41 m. du s.
D Q. le 11 à 3 h. 31 m. du s.
N. L. le 19 à 4 h. 37 m. du s.
P. Q. le 27 à 3 h. 59 m. du s.

Points lunaires.
Conj. le 4 vers 3 h. du s.
Eq. L. le 3 à 7 h. du s.
L. B. le 9 à 8 h. du s.
Eq. L. le 17 à minuit.

Conj. le 19 à 8 h. du s.
L. A. le 24 à 1 h. du s.
Conj. le 28 vers minuit.
Eq. L. le 31 à 6 h. du m.

3

CALENDRIER GRÉGORIEN.		CALENDRIER RÉPUBLICAIN et AGENDA AGRICOLE.		J. lunair.	Phases lunaires.	Points lunaires. solaires.
NOVEMBRE		**BRUMAIRE**				
1 mer.	Toussaint.	10 décadi.	CHARRUE.	13		
2 jeudi	Trépassés.	11 prim.	Salsifis.	14		Périgée
3 ven.	st Marcel, év.	12 duodi.	Macre.	15	P.L.	
4 sam.	st Charles, év.	13 tridi.	Topinamb.	16		
5 dim.	se Bertille.	14 quart.	Endive.	17		
6 lundi	st Léonard.	15 quint.	DINDON.	18		L. B.
7 mar.	st Willebrod.	16 sextidi.	Chervi.	19		
8 mer.	sses Reliques.	17 septidi.	Cresson.	20		
9 jeud.	st Mathurin.	18 octidi.	Dentelaire.	21		
10 ven.	st Léon, p.	19 nonidi.	Grenade.	22	D.Q.	
11 sam.	st Martin, év.	20 décadi.	HERSE.	23		
12 dim.	st Remi.	21 prim.	Bacchante.	24		
13 lundi	st Brice, év.	22 duodi.	Azéroles.	25		Eq. L.
14 mar.	st Bertrand.	23 tridi.	Garance.	26		Apogée.
15 mer.	st Eugène.	24 quart.	Orange.	27		
16 jeudi	st Edme, arc.	25 quint.	FAISAN.	28		
17 ven.	st Agnan, év.	26 sextidi.	Pistache.	29		
18 sam.	st Odon.	27 septidi.	Macjonc.	1	N.L.	
19 dim.	se Elisabeth.	28 octidi.	Coing.	2		
20 lundi	st Edmond.	29 nonidi.	Cormier.	3		L. A.
21 mar.	Présent. Vier.	30 décadi.	ROULEAU.	4		
		FRIMAIRE				
22 mer.	se Cécile.	1 prim.	Raiponce.	5		
23 jeudi	st Clément.	2 duodi.	Turneps.	6		
24 ven.	st Séverin.	3 tridi.	Chicorée.	7		
25 sam.	se Catherine.	4 quart.	Nèfle.	8		
26 dim.	se Victorine.	5 quint.	COCHON.	9	P.Q.	
27 lundi	st Maxime.	6 sextidi.	Mâche.	10		Eq. L.
28 mar.	st Sosthènes.	7 septidi.	Choufleur.	11		
29 mer.	st Saturnin.	8 octidi.	Miel.	12		
30 jeudi	st André, ap.	9 nonidi.	Genièvre.	13		Périgée

Phases lunaires.

P. L. le 3 à 8 h. 12 m. du m.
D. Q. le 10 à 5 h. 55 m. du m.
N. L. le 18 à 11 h. 8m. du m.
P. Q. le 26 à 3 h. 8 m. du m.

Points lunaires.

L. B. le 6 à 6h. du m.
Eq. L. le 13 à 6 h. du m.
L. A. le 20 à 7 h. du s.
Eq. L. le 27 à 3 h. du s.

CALENDRIER GRÉGORIEN.	CALENDRIER RÉPUBLICAIN et AGENDA AGRICOLE.	J. lunair.	Phases lunaires.	CALENDRIER MÉTÉOROLOG. Points lunaires et solaires
DÉCEMBRE	**FRIMAIRE**			
1 ven. st Éloi, év.	10 DÉCADI. PIOCHE.	14		
2 sam. st Fran.-Xav.	11 prim. Cire.	15	P.L.	
3 dim. AVENT.	12 duodi. Raifort.	16		L. B.
4 lundi se Barbe.	13 tridi. Cèdre.	17		
5 mar. st Sabas, év.	14 quart. Sapin.	18		
6 mer. st Nicolas, év.	15 quint. CHEVREUIL.	19		
7 jeudi se Fare, v.	16 sextidi. Ajonc.	20		
8 ven. Conception.	17 septidi. Ciprès.	21		
9 sam. se Gorgonie.	18 octidi. Lierre.	22		
10 dim. se Valère.	19 nonidi. Sabine.	23	D.Q.	Eq. L.
11 lundi st Fuscien.	20 DÉCADI. HOYAU.	24		
12 mar st Valery.	21 prim. Érable sucr.	25		Apogée.
13 mer. se Luce.	22 duodi. Bruyère.	26		
14 jeudi st Nicaise, ar.	23 tridi. Roseau.	27		
15 ven. st Mesmin.	24 quart. Oseille.	28		
16 sam. se Adélaïde.	25 quint. GRILLON.	29		
17 dim. se Olympiad.	26 sextidi. Pignon.	30		
18 lundi st Gatien, év.	27 septidi. Liége.	1	N.L.	L. A.
19 mar. st Timoléon.	28 octidi. Truffe.	2		
20 mer. st Philogone.	29 nonidi. Olive.	3		
21 jeudi st Thom., ap.	30 DÉCADI. PELLE.	4		Solstice
	NIVOSE			
22 ven. st Fabien.	1 prim. Tourbe.	5		
23 sam. se Victoire.	2 duodi. Houille.	6		
24 dim. se Delphine.	3 tridi. Bitume.	7		Eq. L.
25 lundi NOEL.	4 quart. Soufre.	8	P.Q.	
26 mar. st Étienne, m.	5 quint. CHIEN.	9		
27 mer. st Jean, év.	6 sextidi. Lave.	10		
28 jeudi ss. Innocents.	7 septidi. Terre végét.	11		Périgée
29 ven. se Éléonore.	8 octidi. Fumiers.	12		
30 sam. se Colombe.	9 nonidi. Salpêtre.	13		
31 dim. st Sylvestre.	10 DÉCADI. FLEAU.	14		L. B.

Phases lunaires.

P. L. le 2 à 6 h. 54 m. du s
D. Q. le 10 à 0 h. 22 m. du m
N. L. le 18 à 5 h. 54 m. du m
P. Q. le 25 à 0 h. 40 m. du s.

Points lunaires.

L. B. le 3 à 6 h. du s.   Eq. L. le 24 à 11 h. du s.
Eq. L. le 10 à 3 h. du s.   L. B. le 31 à 6 h. du m.
L. A. le 18 à 3 h. du m.

Note sur l'Annuaire ou Agenda agricole qui occupe la 4ᵉ colonne du triple Calendrier précédent.

L'*Agenda agricole* est comme la table des matières du cours de physique et d'histoire naturelle, dans ses applications à l'agriculture, que l'instituteur était tenu de faire à ses élèves. Chaque jour du calendrier portait le titre de la leçon ; et chaque leçon coïncidait avec l'époque où le laboureur devait faire usage de l'objet dont le nom était inscrit sur ce jour de l'année.

Pendant les jours d'hiver, on ne rencontre que l'indication des substances brutes, propres à fertiliser le sol et à construire les habitations, ou des métaux dont la nature est d'un usage ordinaire. Dans les autres mois, le nom des plantes se lit à l'un des jours de l'époque où il importe de les semer ou de les récolter. Le QUINTIDI porte le nom d'un animal à élever ou à détruire ; le DECADI, celui d'un instrument aratoire ou de ménage.

On comprend l'immense avantage que retirerait l'éducation publique du rétablissement d'un pareil cours dans nos écoles primaires, et si chaque jour, après l'exercice choral qui devrait ouvrir la séance, l'instituteur commençait par décrire avec méthode et précision l'objet dont le nom se trouve inscrit à la date de cette journée, pour en faire connaître les caractères, la nature, la composition, les usages pratiques ou les dangers, et pour faire comme toucher du doigt toutes ces indications à ses élèves, en mettant pendant la leçon chaque chose à leur disposition.

L'instituteur aurait soin chaque jour de préparer sa leçon du lendemain, comme s'il retournait lui-même chaque jour à l'école. Cette tâche lui serait rendue facile dans les communes où le Conseil municipal a eu le bon esprit de fonder une bibliothèque, un musée et une exposition publiques. Dans les autres communes, la municipalité ne se refuserait pas à voter des fonds pour procurer à l'instituteur communal les quatre ou cinq ouvrages qui lui seraient, pour ce cours, d'une indispensable nécessité.

CALENDRIER ou ÉPHÉMÉRIDES

DES

HOMMES ET ÉVÉNEMENTS

CÉLÈBRES (*).

(*) Le jour où le nom des hommes célèbres est inscrit est le jour de leur mort, celui qui les classe définitivement dans l'estime des hommes. Les noms sont marqués d'un astérisque, quand nous n'avons pu découvrir le jour de leur mort. Les noms d'hommes ou d'événements suivis de trois points d'admiration renversés, sont ainsi notés d'un signe sinistre.

JANVIER.

1 Institution de l'Ordre du Saint-Esprit, 1579 ¡¡¡

2 Lavater, 1801 ; Guyton Morveau, 1816.

3 Bataille de Prieros (Espagne), 1809.

4 Maréchal de Luxembourg, 1695.

5 Charles-le-Téméraire, 1477 ; Catherine de Médicis, 1589 ¡¡¡

6 Palestrina, musicien, 1594 *.

7 Fénelon, 1715.

8 Galilée, 1641.

9 Fontenelle, 1757 ; Arena et Topino Lebrun, 1801.

10 Linné, 1778.

11 Sœur Marthe, 1815.

12 Duc d'Albe, 1582 ¡¡¡

13 Suger, 1152.

14 Fra-Paolo, 1623 ; Mᵐᵉ de Sévigné, 1696 ; Batail. de Rivoli, 1797.

15 Clément Marot, 1544.

16 Bataille de la Corogne, 1809.

17 Dagobert Iᵉʳ, 638.

18 Vallisnieri (Antoine), 1730 ; Géricault, 1824.

19 Vaucanson, 1782.

20 Anne d'Autriche, 1666 ¡¡¡ ; Saint-Fargeau, 1793 ; Garrick, 1779.

21 Louis XVI, 1793 ; Bernardin de Saint-Pierre, 1814.

22 Penn, 1718 *.

23 Championnet occupe Naples, 1799 ; Pitt, 1806 ¡¡¡

24 Laubardemont père, 1651 ¡¡¡ *

25 Concordat de Fontainebleau, 1813.

26 Jenner, 1823 ; Chappe, inventeur du Télégraphe, 1806.

27 Jean Gerson, 1429 *.

28 Charlemagne, 814 ; Pierre-le-Grand, 1725.

29 Pline l'Ancien, 89 *.

30 Aristote, 422 avant notre ère* ; Charles Iᵉʳ, roi d'Angleterre, 1649.

31 Réunion du comté de Nice à la France, 1793.

FÉVRIER.

1 Rabelais, 1553.

2 Duquesne, 1668.

3 Camoëns, 1579 *.

4 Abolition de l'esclavage, 1794.

5 Tremblement de terre en Calabre et en Sicile, 1783.

6 Amyot, 1593.

7 Lapeyrouse, 1788.

8 Victoire d'Eylau, 1807.

9 Agnès Sorel, 1450.

10 Bataille de Champaubert, 1814.

11 Bataille de Montmirail, 1814 ; Descartes, 1650.

12 Bataille de Château-Thierry, 1814.

13 Duc de Berry, 1820 ; Plaignier et Carboneau, 1815.

14 Capitaine Cook, 1779 ; Bataille de Vauchamp, 1814.

15 République à Rome, 1798 ; Lafontaine, 1695.

16 Fléchier, 1710 ; Bataille du Tagliamento, 1797.

17 Molière, 1675 ; Michel-Ange Buonarotti, 1564 ; Bataille de Nangis, 1814.

18 Luther, 1546 ; Marie Stuart, 1587 ; Bataille de Montereau, 1814.

19 Escousse et Lebras, 1832.

20 Tobie Mayer, 1762 ; L'abbé de l'Épée, 1792 *.

21 Attila, 454 *.

22 Ruisch, 1731.

23 Ostracisme d'Aristide, 483 avant notre ère *.

24 Jeanne Grey, 1554 ; Combat naval dans la rade des Sables, 1809.

25 Catinat, 1712.

26 Départ de l'île d'Elbe, 1815.

27 Pestalozzi, 1827.

28 Brunehaut, 613.

MARS.

1 Oliv. de Serres, 1619 ; Débarq. de Napoléon au golfe Juan, 1815.

2 Guillaume Tell, 1354.

3 Manuel expulsé de la Chambre des introuvables, 1823.

4 Sultan Saladin, 1293; Champollion, 1832.

5 Bataille de Chiclana (Espagne), 1811.

6 Laplace, 1827.

7 Bataille de Craonèse, 1814.

8 Turgot, 1781.

9 Calas, 1762 ¡¡¡; Mazarin, 1661 ¡¡¡

10 Robert Estienne, 1559 *.

11 Jacques Molay, 1314.

12 Aristogiton, 513 avant notre ère *.

13 Boileau Despréaux, 1711; Mich. de l'Hospit., 1573; Empire, 1804.

14 Bataille d'Ivry, 1590.

15 Conjuration d'Amboise, 1539.

16 Ésope, 560 avant notre ère *.

17 Marc-Aurèle, empereur philosophe, 180.

18 Abdication de Charles IV, roi d'Espagne, 1808.

19 Ossian, 200 *.

20 Newton, 1727; Entrée de Napoléon à Paris, 1815.

21 Duc d'Enghien, 1804.

22 Première appar. du choléra à Paris, 1832; Maréch. Lannes, 1809.

23 Entrée des Français à Madrid, 1808.

24 Vayringe, mécanicien, 1746.

25 Platon, 348 avant notre ère *.

26 Guttemberg, 1468 *.

27 Marguerite de Valois, 1615; Loi du milliard en faveur des émigrés, 1825.

28 Beethoven, 1827.

29 Gustave III, 1792.

30 Vêpres Siciliennes, 1282.

31 Première capitulation de Paris, 1814 ¡¡¡; François Ier, 1547; Jeanne d'Arc, 1431.

AVRIL.

1 Mariage de Napoléon avec Marie-Louise, 1810 ¡¡¡

2 Mirabeau, 1791.

3 Élisabeth, reine d'Angleterre, 1603.

4 Masséna, 1817.

5 Danton et Camille Desmoulins, 1794.

6 Épictète, 2ᵉ siècle *.

7 Raphaël d'Urbin, 1520.

8 Seconde coalition contre la France, 1799 ¡¡

9 Bacon de Vérulam, 1626.

10 Bataille de Toulouse, 1814.

1 Première abdication de Napoléon, 1814.

12 Bossuet, 1704.

13 Édit de Nantes, 1598.

14 Massacre de la rue Transnonain, 1834 ¡¡¡

15 Le Tasse, 1592; Madame de Maintenon, 1719; Lucile Desmoulins, 1794.

16 Buffon, 1788 ; Bataille du Mont-Thabor, 1799.

17 Reconnaissance d'Haïti, par la France, 1825 ; Franklin, 1790.

18 Urbain Grandier, brûlé à Loudun, 1634 ¡¡¡

19 Reine Christine, 1689; Melanchthon, 1560.

20 Kant, 1804.

21 Abailard, 1142.

22 Bataille de Mondovi, 1796; Racine, 1699.

23 Pythagore, 600 avant notre ère *.

24 Caton d'Utique, 48 avant notre ère *.

25 David Teniers, 1690.

26 Diane de Poitiers, 1556.

27 Jean Barth, 1702.

28 Assassin. des plénipotentiaires français, par les Autrichiens 1799.

29 Bataille de Caldière, 1809.

30 Curé Gofrédi, 1611.

MAI.

1 Bessières à Lutzen, 1813.
2 Inauguration des chemins de fer en France, 1833.
3 Benoît XIV, 1758.
4 Capitaine Vallé, 1822; Simon Didier à Grenoble, 1816.
5 Napoléon-le-Grand, 1821.
6 Sac de Rome, par Charles-Quint, 1527.
7 Confucius, 550 avant notre ère *.
8 Christophe Colomb, 1506; Jansénius, 1638; Affreuse catastrophe du chemin de fer de Versailles, 1842; Dumont-Durville, 1842; Lavoisier, 1794.
9 Supplice de Lally-Tollendal, 1765.
10 Bataille du pont de Lodi, 1796.
11 Henri Estienne, mort à l'hôpital, 1598.
12 Journées des barricades, 1508.
13 Empire, 1804; Barneveldt, 1619; Vienne occupée pour la deuxième fois par les Français, 1809.
14 Henri IV, 1610.
15 Déception de février, 1848 |||
16 Les Alpes franchies par les Français, 1800.
17 Héloïse, 1164; Réunion des États romains à l'Emp. franç., 1803.
18 Le sénat confère le titre d'Empereur à Napoléon Ier, 1804.
19 Expédition d'Égypte, 1798; Alcuin, 804.
20 Le général Lafayette, 1834.
21 Alexandre-le-Grand, 324 avant notre ère *.
22 Maréchal Lannes, 1809.
23 Bat. de Cocherel, 1364;—de Ramilly, 1706 ||| Savonarole 1498.
24 La pucelle d'Orléans, trahie et vendue aux Anglais, 1430.
25 Cardinal d'Amboise, 1510; Babeuf, 1797.
26 Charles Estienne, aut. de la maison rust., mort à l'hôpit. 1564.
27 Insurrection espagnole, 1808.
28 Grégoire, évêque, 1831; Bernard de Menton, 1008.
29 Impératrice Joséphine, empoisonnée, 1814.
30 Pierre-Paul Rubens, 1640; Voltaire, 1778.
31 Jeanne d'Arc, immolée par les prêtres, 1431.

JUIN.

1 Vaisseau le Vengeur, 1794; Jérôme de Prague, 1416.

2 Lallemand, assassiné par un royal, 1820; Ruyter, 1676.

3 Socrate, 399 avant notre ère *.

4 Le général Lamarque, 1832; Belsunce, 1755.

5 Weber, 1826; 1re montgolfière, 1783.

6 Cloître Saint-Merry, 1832; Mademoiselle Lavallière, 1710.

7 Fête de l'Être-Suprême, 1794.

8 Mahomet, 632.

9 Bataille de Montebello, 1800.

10 Prise de Malte et abolition de l'ordre, 1798.

11 Dumarsais, 1756; Copernic, 1543.

12 Départ de saint Louis, pour la Croisade, 1248.

13 Kléber, 1800; Bataille de Fleurus, 1815.

14 Combat des Dunes, 1658; Marengo, Desaix, 1799.

15 Las Casas, 1566 *.

16 Bataille de Ligny, 1815.

17 Crébillon, 1762.

18 Waterloo ¡¡¡ trahison ¡¡¡ 1815; Romme, 1795.

19 Louis-le-Débonnaire, 840.

20 Serment du jeu de Paume, 1789; Vicq-d'Azyr, 1794.

21 Quiberon, 1795; Arrestation de Louis XVI à Varennes, 1791.
   Jean Liébault, un des auteurs de la *Maison rustique*, 1596.

22 Bataille de Morat, Charles-le-Téméraire, vaincu, 1446.

23 Jours néfastes, Saint-Barthélemy nouvelle, 1848.

24 Passage du Niémen, 1812.

25 Armand Carrel, 1836.

26 Massacres de Marseille, 1815; Fleurus, 1794.

27 Latour d'Auvergne, premier grenadier français, 1800; Julien, empereur philosophe, 363.

28 Rouget de l'Isle, auteur de la Marseillaise, 1836.

29 Napoléon 1er quitte Paris, 1815.

30 Mort violente d'Henriette d'Angleterre, 1670.

JUILLET.

1 Bataille de Fleurus, 1690.

2 Naufrage de la Méduse, 1816; Olivier de Serres, 1619.

3 Victoire de Wagram, 1807; Marie de Médicis, 1643.

4 Jefferson, 1806.

5 Combat d'Algésiras, 1801 ; Prise d'Alger, 1830.

6 Entrée des alliés à Paris, 1815 ; Laure, 1348 ; Thom. Morus, 1535.

7 Traité de Tilsitt, 1807.

8 Georges Pichegru, 1804 ; Bataille de Pultawa, 1709.

9 Brutus, 42 avant notre ère *.

10 Réné, roi de Provence, 1480.

11 Anacréon, 467 avant notre ère *.

12 Erasme, 1526 ; La Chalotais, 1785.

13 Duguesclin, 1380; Marat, assassiné à l'instigation des Jésuites, 1793 ; Duc d'Orléans, 1842.

14 Prise de la Bastille, 1789.

15 Jean Huss, immolé par les catholiques, 1415.

16 Charlotte Corday, séide des jésuites, 1793.

17 Arteveld, 1345.

18 Godefroy de Bouillon, 1100 ; Pétrarque, 1374.

19 Combat de Baylen, 1808 ¡¡¡

20 Abolition des jésuites, 1773 ; Bichat, 1802.

21 Bataille des Pyramides, 1798.

22 Duc de Reichstadt, fils de Napoléon 1er, 1832.

23 Ménage, 1692.

24 Maréchal Brune, assassiné à Avignon, 1815 ¡¡£

25 Ordonnances de Charles X, 1830.

26 Insurrection de Paris, 1830.

27 Turenne, 1675 ; Monge, 1818.

28 Fieschi, 1835; Robespierre, 1794 ; Frères Faucher, 1815.

29 Victoire du peuple de Paris, 1830.

30 Marie-Thérèse, femme de Louis XIV, 1683 ; Diderot, 1784.

31 Escamotage jésuitique de la Révolution de juillet, 1830.

AOUT.

1 Dupetit Thouars à Aboukir, 1798 ; Henri III, assassiné par Jacques Clément, 1589.

2 Condillac, 1780 ; Montgolfier, 1799.

3 Dolet, savant imprimeur, brûlé à l'Estrapade, 1546 ¡¡¡

4 Monteverde, savant musicien, 17e siècle *.

5 Bataille de Castiglione, 1796 ; Antoine Arnauld, 1694.

6 Cicéron, 45 avant notre ère.

7 Louis-Philippe monte sur le trône, 1830 ¡¡¡

8 Adanson, 1806.

9 Jeanne Hachette, 1473.

10 Siége des Tuileries, 1792.

11 Bataille de Sénef, 1674.

12 Rameau, 1764 ; Louis XVI, et sa famille au Temple, 1792.

13 Bataille de Hochstett ¡¡¡

14 Brutus et Cassius, 42 avant notre ère *.

15 Bataille de Lyzarra, 1702.

16 Embarquement de Charles X à Cherbourg, 1830.

17 Général Ramel, 1815.

18 Laboétie, 1563 ; Delambre, 1822.

19 Pascal, 1662 ; Labédoyère, 1815.

20 Gui d'Arezzo, 11e siècle *.

21 Bernadotte, roi de Suède, 1810.

22 Hippocrate, 351 avant notre ère *.

23 Herschel, 1822.

24 Massacre de la Saint-Barthélemy, 1572 ; Jean Goujon, 1572.

25 Saint Louis, 1270 ; Watt, 1819.

26 Moreau, 1813 ¡¡¡

27 Reddition d'Huningue, 1815.

28 Lois infâmes de septembre, 1835 ¡¡¡

29 Louis XI, 1483 ¡¡¡

30 Soufflot, 1780.

31 Roger Bacon, 13e siècle *.

SEPTEMBRE.

1 Louis XIV, 1715; Montmorency à Toulouse, 1632.

2 Massacres des prisons de Paris, 1792¡¡¡

3 *Id*.

4 Déportation des républicains à la place des royalistes, 1797.

5 Lenostre, jardinier, 1700 *.

6 Les quatre sergents de la Rochelle, 1822¡¡¡

7 Bataille de la Moskowa, 1812.

8 Pergolèse, savant compositeur, 1737 *.

9 Guillaume le Conquérant, 1087; Rétablissement du Calendrier grégorien, 1805.

10 Assass. de Jean, duc de Bourgogne, par les gens du roi, 1419.

11 Bernard de Palissy, 1589.

12 Supplice du vertueux de Thou, 1642.

13 Cromwell, 1658; Titus, emper., 81; Bat. de Villafranca, 1813.

14 Le Dante, 1321; Le comtat Venaissin annexé à la France, 1791.

15 Hoche, 1797; Montaigne, 1592.

16 Louis XVIII, 1824; Fox, 1806.

17 Bréguet, horloger, 1823.

18 Van Eyck (Hubert), 1426.

19 Bataille de Poitiers, 1346¡¡¡

20 Bataille de Valmy, 1792.

21 Royauté abolie, 1792; Marceau, 1796.

22 Valdo, 1179; Clément XIV, 1774; Procl. de la Républ., 1792.

23 Virgile, 19; Ère républicaine, 1792.

24 Paracelse, 1541; Grétry, 1813.

25 Bataille de Zurich, 1799.

26 Traité de la sainte alliance, 1815¡¡¡

27 Duguay-Trouin, 1736.

28 Massillon, 1742.

29 Démosthènes, 322 avant notre ère *.

30 Saint Jérôme, 420.

OCTOBRE.

1 Corneille, 1684; Colonel Caron, 1822.

2 Prise de Bougie, 1833.

3 Miltiade, 489 avant notre ère.

4 Bataille de la Marsaille, 1693.

5 Le général Berton, 1822 ; Gassendi, 1655.

6 Thémistocle, 464 avant notre ère *.

7 Bataille de Constance, 1799.

8 Rienzi, 1354.

9 Prise de Lyon, 1793.

10 Priestley, 1804 *.

11 Zwingle, 1531.

12 Épicure, 270 ans avant notre ère *.

13 Murat, 1815 ; Prise de Constantine, 1837.

14 Bataille d'Iéna, 1806.

15 Malebranche, 1715; Kosciuzko, 1817.

16 Marie-Antoinette, 1793.

17 Bataille d'Ulm, 1805 ; Réaumur, 1757.

18 Poniatowski à Leipzig, 1813; Méhul, 1817.

19 Talma, 1826.

20 Bataille de Coutras, 1587 ; Grand Sanhédrin à Paris, 1806.

21 Nelson à Trafalgar, 1805.

22 Révolte du Caire, 1798; révocation de l'édit de Nantes, 1685 ;;;

23 Conspiration de Mallet, 1812.

24 Gassendi, 1655; Tycho-Brahé, 1601.

25 Prise de Berlin par les Français, 1806.

26 Supplice de Servet, 1553 ;;;

27 Lycurgue, 870 avant notre ère *.

28 Charles de Geer, le Réaumur du Nord, 1778.

29 Mallet, 1812 ; d'Alembert, 1783.

30 Reddition de l'héroïque ville de la Rochelle, 1689.

31 Les Girondins, 1793.

NOVEMBRE.

1 Tremblement de terre de Lisbonne, 1783.

2 Louis-le-Débonnaire en pénitence, 833 ¡¡¡

3 Lescure, 1793.

4 Institution du Directoire, 1795.

5 Riégo, 1823.

6 Bernard de Jussieu, 1777; Supplice de l'Égalité, 1793; Charles X, 1836.

7 Bataille de Jemmapes, 1792.

8 Madame Roland, 1793.

9 Consulat, 1799.

10 Milton, 1674; Bailly, 1793.

11 Combat de Dirustein, 1805.

12 Gilbert, poëte, 1780.

13 Première occupation de Venise par les Français, 1805.

14 Leibnitz, 1716.

15 Képler, 1630.

16 Gustave Adolphe, à Lutzen, 1632.

17 Bataille d'Arcole, 1796.

18 Première représentation d'*Œdipe*, de Voltaire, 1718.

19 Le Poussin, 1665; Masque de fer, 1703.

20 Masque de fer, 1705.

21 Cardinal de Bourbon ou Charles X, 1589.

22 Homère, 980 avant notre ère.

23 Duc d'Orléans assassiné par le duc de Bourgogne, 1417 ¡¡¡

24 Solon, législateur, 559 avant notre ère *.

25 André Doria, 1560.

26 J.-J. Rousseau, 1778.

27 Arteveld (Philippe), 1382.

28 Dunois, 1468.

29 J.-B. Van Helmont, 1644 *.

30 Bataille de Somo-Sierra, 1808.

DÉCEMBRE.

1 Alexandre Ier de Russie, 1825.

2 Austerlitz, 1805 ; Empire, 1804 ; Fernand Cortez, 1554.

3 Bataille de Bourdits (Catalogne), 1653.

4 Cardinal de Richelieu, 1642.

5 Mozart, 1791.

6 Orphée, 1200 avant notre ère.

7 Ney, 1815.

8 Empédocle, 440 avant notre ère *.

9 Van Dyck, 1641 ; Laubardemont fils chef de voleurs, 1651.

10 Bataille de Villaviciosa, 1710.

11 Guttemberg, 1468 ; Condé, 1686 ; Charles XII, 1718.

12 Héraclite, 500 avant notre ère *.

13 Démocrite, 500 avant notre ère *.

14 Washington, 1799.

15 Funérailles de Napoléon Ier, 1840.

16 Pindare, 436 avant notre ère *.

17 Bolivar, 1830.

18 Vicomte d'Ortez, 1572.

19 Léonidas et les 300 Spartiates, 480 avant notre ère.

20 Condamnation de Fouquet, 1664.

21 Sully, 1641 ; Montfaucon, 1741.

22 Ambroise Paré,1590 ; Tournefort,1708 ; Lantara à l'hôpital,1778.

23 Duc de Guise, assassiné par Henri III à Blois, 1588.

24 Machine infernale des royalistes, 1800.

25 Jésus de Nazareth, I ; Ch.-le-Chauve, couronné emp. à Rome 875.

26 Helvétius, 1771.

27 Ronsard, 1585 ; Mabillon, 1707.

28 Pierre Bayle, 1706.

29 Bataille de Mulhausen, 1674.

30 Borelli, 1679.

31 Daubenton, 1800.

Observations sur l'usage et la destination des éphémérides précédentes.

Après la leçon de l'*Agenda agricole*, dont nous avons parlé à la page 40, l'instituteur communal devrait en ouvrir immédiatement une autre exclusivement biographique et historique. Chaque jour, il raconterait à ses élèves, soit la vie d'un homme célèbre par ses vertus qui doivent leur servir d'exemple, ou par ses méfaits qui doivent leur indiquer le danger à éviter ; soit l'histoire d'un événement dont la patrie ait à s'enorgueillir, ou dont l'humanité ait à réparer les désastres et à conjurer le retour. Le canevas de ce cours se trouve dans ces *éphémérides* (voy. p. 3).

Dans ce but, chaque jour l'instituteur devrait avoir recours, pour sa leçon du lendemain, à une biographie ou à un livre d'histoire écrit avec indépendance et philosophie, afin de se pénétrer intimement de son sujet et de grouper et déduire exactement les dates. A peu d'exceptions près, et ces exceptions sont marquées d'un astérisque *, les noms d'hommes ou d'événements sont inscrits le jour où l'homme célèbre a cessé de vivre et où l'événement s'est passé. La coïncidence du jour de la date et du jour de la leçon ne serait pas un des moindres moyens de graver la leçon d'une manière durable dans la mémoire de l'élève.

L'instituteur aurait soin de juger les hommes et les événements d'après les règles de la raison et de l'humanité, et en se gardant bien de tout ce qui aurait l'air d'un appel aux passions de l'époque. Car la grande leçon qui ressort des vicissitudes de l'histoire, c'est le pardon réciproque des souvenirs.

N° VIII

LEVERS ET COUCHERS

DU

SOLEIL

ET DE LA LUNE

POUR CHAQUE JOUR DE L'ANNÉE 1865.

JANVIER

| | SOLEIL | | | LUNE | |
| | TEMPS MOYEN DE PARIS | | | TEMPS MOYEN DE PARIS | |
J. du mois	Lever	Coucher	J. du mois	Lever	Coucher
	h m	h m		h m	h m
1	7 56	4 12	1	9 matin 49	9 soir 6
2	7 56	4 13	2	10 18	10 22
3	7 56	4 14	3	10 47	11 37
4	7 56	4 15	4	11 15	
5	7 55	4 16	5	11 45	0 matin 51
6	7 55	4 17	6	0 soir 19	2 4
7	7 55	4 19	7	0 58	3 14
8	7 55	4 20	8	1 43	4 20
9	7 54	4 21	9	2 34	5 20
10	7 54	4 22	10	3 30	6 13
11	7 53	4 24	11	4 30	6 57
12	7 52	4 25	12	5 32	7 35
13	7 52	4 27	13	6 56	8 8
14	7 51	4 28	14	7 39	8 37
15	7 51	4 29	15	8 41	9 3
16	7 50	4 31	16	9 43	9 27
17	7 49	4 32	17	10 44	9 50
18	7 48	4 34	18	11 46	10 13
19	7 47	4 35	19		10 38
20	7 46	4 37	20	0 matin 48	11 6
21	7 45	4 38	21	1 50	11 38
22	7 44	4 40	22	2 52	0 soir 15
23	7 43	4 41	23	3 53	1 0
24	7 42	4 43	24	4 51	1 54
25	7 41	4 45	25	5 44	2 58
26	7 40	4 46	26	6 31	4 9
27	7 39	4 48	27	7 11	5 25
28	7 38	4 49	28	7 46	6 44
29	7 36	4 51	29	8 18	8 2
30	7 35	4 53	30	8 48	9 20
31	7 34	4 54	31	9 18	10 37

FÉVRIER

	SOLEIL			LUNE	
	TEMPS MOYEN DE PARIS			TEMPS MOYEN DE PARIS	
J. du mois	Lever	Coucher	J. du mois	Lever	Coucher
	h m	h m		h m	h m
1	7 32	4 56	1	9 matin 49	11 soir 53
2	7 31	4 58	2	10 matin 23	
3	7 30	4 59	3	11 1	1 5
4	7 28	5 1	4	11 44	2 matin 12
5	7 27	5 3	5	0 soir 32	3 13
6	7 25	5 4	6	1 25	4 8
7	7 24	5 6	7	2 22	4 55
8	7 22	5 8	8	3 22	5 35
9	7 20	5 9	9	4 24	6 9
10	7 19	5 11	10	5 27	6 39
11	7 17	5 13	11	6 30	7 6
12	7 16	5 14	12	7 32	7 30
13	7 14	5 16	13	8 33	7 53
14	7 12	5 18	14	9 34	8 17
15	7 10	5 19	15	10 35	8 42
16	7 9	5 21	16	11 37	9 8
17	7 7	5 22	17		9 37
18	7 5	5 24	18	0 matin 38	10 12
19	7 3	5 26	19	1 matin 38	10 53
20	7 1	5 27	20	2 35	11 42
21	6 59	5 29	21	3 29	0 soir 39
22	6 58	5 31	22	4 18	1 44
23	6 56	5 32	23	5 1	2 56
24	6 54	5 34	24	5 39	4 13
25	6 52	5 35	25	6 14	5 33
26	6 50	5 37	26	6 46	6 54
27	6 48	5 39	27	7 17	8 14
28	6 46	5 40	28	7 49	9 33

MARS

SOLEIL			LUNE		
TEMPS MOYEN DE PARIS			TEMPS MOYEN DE PARIS		
J. du mois	Lever	Coucher	J. du mois	Lever	Coucher
	h m	h m		h m	h m
1	6 44	5 42	1	8 matin 23	10 soir 40
2	6 42	5 44	2	9 1	
3	6 40	5 45	3	9 43	0 matin 0
4	6 38	5 47	4	10 30	1 5
5	6 36	5 48	5	11 22	2 3
6	6 34	5 50	6	0 soir 18	2 53
7	6 32	5 51	7	1 17	3 35
8	6 30	5 53	8	2 18	4 11
9	6 28	5 54	9	3 20	4 42
10	6 26	5 56	10	4 22	5 9
11	6 24	5 57	11	5 24	5 34
12	6 22	5 59	12	6 25	5 58
13	6 20	6 1	13	7 26	6 22
14	6 18	6 2	14	8 27	6 46
15	6 16	6 4	15	9 28	7 12
16	6 13	6 5	16	10 28	7 41
17	6 11	6 7	17	11 28	8 14
18	6 9	6 8	18	— —	8 51
19	6 7	6 10	19	0 matin 26	9 35
20	6 5	6 11	20	1 20	10 27
21	6 3	6 13	21	2 9	11 27
22	6 1	6 15	22	2 53	0 soir 34
23	5 59	6 16	23	3 32	1 46
24	5 56	6 17	24	4 7	3 2
25	5 54	6 19	25	4 40	4 21
26	5 52	6 20	26	5 12	5 42
27	5 50	6 22	27	5 45	7 3
28	5 48	6 23	28	6 19	8 23
29	5 46	6 25	29	6 55	9 39
30	5 44	6 26	30	7 35	10 50
31	5 42	6 28	31	8 21	11 53

AVRIL

| | SOLEIL | | | LUNE | |
| | TEMPS MOYEN DE PARIS | | | TEMPS MOYEN DE PARIS | |
J. du mois	Lever	Coucher	J. du mois	Lever	Coucher
	h m	h m		h m	h m
1	5 40	6 29	1	9 13 matin	— —
2	5 38	6 31	2	10 10 matin	0 47 matin
3	5 35	6 32	3	11 10	1 33 matin
4	5 33	6 34	4	0 11 soir	2 12
5	5 31	6 35	5	1 13 soir	2 45
6	5 29	6 37	6	2 15	3 13
7	5 27	6 38	7	3 17	4 39
8	5 25	6 39	8	4 18	4 3
9	5 23	6 41	9	5 19	4 27
10	5 21	6 42	10	6 20	4 52
11	5 19	6 44	11	7 22	5 17
12	5 17	6 45	12	8 23	5 44
13	5 15	6 47	13	9 23	6 14
14	5 13	6 48	14	10 21	6 50
15	5 11	6 50	15	11 16	7 33
16	5 9	6 51	16	— —	8 23
17	5 7	6 53	17	0 6 matin	9 19
18	5 5	6 54	18	0 50 matin	10 21
19	5 3	6 56	19	1 29	11 29
20	5 1	6 57	20	2 4	0 41 soir
21	4 59	6 59	21	2 37	1 57
22	4 58	7 0	22	3 8	3 15
23	4 56	7 2	23	3 39	4 33
24	4 54	7 3	24	4 12	5 52
25	4 52	7 5	25	4 47	7 11
26	4 50	7 6	26	5 26	8 26
27	4 49	7 7	27	6 10	9 35
28	4 47	7 9	28	7 0	10 35
29	4 45	7 10	29	7 56	11 26
30	4 43	7 12	30	8 57	— —

MAI

| | SOLEIL | | | LUNE | |
| | TEMPS MOYEN DE PARIS | | | TEMPS MOYEN DE PARIS | |
J. du mois	Lever	Coucher	J. du mois	Lever	Coucher
	h m	h m		h m	h m
1	4 42	7 13	1	10 matin 0	0 matin 9
2	4 40	7 15	2	11 matin 3	0 matin 45
3	4 38	7 16	3	0 soir 5	1 16
4	4 37	7 18	4	1 7	1 43
5	4 35	7 19	5	2 9	2 8
6	4 33	7 20	6	3 10	2 32
7	4 32	7 22	7	4 11	2 55
8	4 30	7 23	8	5 12	3 19
9	4 29	7 25	9	6 14	3 46
10	4 27	7 26	10	7 16	4 16
11	4 26	7 27	11	8 15	4 51
12	4 24	7 29	12	9 11	5 32
13	4 23	7 30	13	10 3	6 19
14	4 22	7 31	14	10 50	7 13
15	4 20	7 33	15	11 31	8 14
16	4 19	7 34	16	—	9 20
17	4 18	7 35	17	0 matin 7	10 30
18	4 16	7 37	18	0 39	11 42
19	4 15	7 38	19	1 10	0 soir 56
20	4 14	7 39	20	1 40	2 12
21	4 13	7 40	21	2 10	3 29
22	4 12	7 42	22	2 42	4 46
23	4 11	7 43	23	3 17	6 1
24	4 10	7 44	24	3 58	5 13
25	4 9	7 45	25	4 45	8 19
26	4 8	7 46	26	5 39	9 16
27	4 7	7 47	27	6 39	10 3
28	4 6	7 48	28	7 43	10 43
29	4 5	7 50	29	8 47	11 16
30	4 4	7 51	30	9 51	11 44
31	4 4	7 52	31	10 54	— —

JUIN

SOLEIL			LUNE		
TEMPS MOYEN DE PARIS			TEMPS MOYEN DE PARIS		
J. du mois	Lever	Coucher	J. du mois	Lever	Coucher
	h m	h m		h m	h m
1	4 3	7 53	1	11 57 soir m.	0 11 matin
2	4 2	7 54	2	0 58 soir	0 35
3	4 2	7 54	3	1 59	0 59
4	4 1	7 55	4	3 0	1 23
5	4 1	7 56	5	4 2	1 48
6	4 0	7 57	6	5 4	2 17
7	4 0	7 58	7	6 5	2 50
8	3 59	7 59	8	7 4	3 28
9	3 59	7 59	9	5 59	4 13
10	3 59	8 0	10	8 49	5 5
11	3 58	8 1	11	9 32	6 5
12	3 58	8 1	12	10 10	7 11
13	3 58	8 2	13	10 44	8 20
14	3 58	8 2	14	11 15	9 32
15	3 58	8 3	15	11 44	10 45
16	3 58	8 3	16	— —	11 59
17	3 58	8 4	17	0 13 matin	1 14 soir
18	3 58	8 4	18	0 43 matin	2 29
19	3 58	8 4	19	1 16	3 43
20	3 58	8 5	20	1 54	4 54
21	3 58	8 5	21	2 38	6 1
22	3 58	8 5	22	3 28	7 1
23	3 59	8 5	23	4 23	7 54
24	3 59	8 5	24	5 23	8 38
25	3 59	8 5	25	6 27	9 15
26	4 0	8 5	26	7 34	9 46
27	4 0	8 5	27	8 40	10 14
28	4 1	8 5	28	9 43	10 39
29	4 1	8 5	29	10 45	11 3
30	4 2	8 5	30	11 47	11 26

4

JUILLET

	SOLEIL TEMPS MOYEN DE PARIS			LUNE TEMPS MOYEN DE PARIS	
J. du mois	Lever	Coucher	J. du mois	Lever	Coucher
	h m	h m		h m	h m
1	4 2	8 5	1	0 48 soir	11 51 soir
2	4 3	8 4	2	1 49	—
3	4 4	8 4	3	2 50	0 18 matin
4	4 4	8 4	4	3 51	0 49
5	4 5	8 3	5	4 51	1 25
6	4 6	8 3	6	5 48	2 7
7	4 7	8 2	7	6 41	2 56
8	4 8	8 2	8	7 28	3 53
9	4 8	8 1	9	8 9	4 57
10	4 9	8 0	10	8 45	6 7
11	4 10	8 0	11	9 18	7 20
12	4 11	7 59	12	9 49	8 35
13	4 12	7 58	13	10 18	9 50
14	4 13	7 58	14	10 48	11 4
15	4 14	7 57	15	11 20	0 19 soir
16	4 15	7 56	16	11 55	1 33
17	4 16	7 55	17	—	2 44
18	4 17	7 54	18	0 35 matin	3 51
19	4 18	7 53	19	1 21	4 53
20	4 19	7 52	20	2 13	5 47
21	4 21	7 51	21	3 12	6 33
22	4 22	7 50	22	4 15	7 12
23	4 23	7 49	23	5 19	7 46
24	4 24	7 47	24	6 24	8 15
25	4 25	7 46	25	7 28	8 42
26	4 27	7 45	26	8 31	9 7
27	4 28	7 44	27	9 33	9 31
28	4 29	7 42	28	10 34	9 55
29	4 31	7 41	29	11 35	10 21
30	4 32	7 40	30	0 36 soir	10 50
31	4 33	7 38	31	1 37	11 22

AOUT

| | SOLEIL | | | LUNE | |
| | TEMPS MOYEN DE PARIS | | | TEMPS MOYEN DE PARIS. | |
J. du mois	Lever	Coucher	J. du mois	Lever	Coucher
	h m	h m		h m	h m
1	4 35	7 37	1	2 soir 37	— —
2	4 36	7 35	2	3 35	0 matin 0
3	4 37	7 34	3	4 29	0 45
4	4 39	7 32	4	5 18	1 38
5	4 40	7 31	5	6 3	2 39
6	4 41	7 29	6	6 43	3 47
7	4 43	7 27	7	7 18	4 59
8	4 44	7 26	8	7 50	6 15
9	4 46	7 24	9	8 20	7 32
10	4 47	7 22	10	8 51	8 49
11	4 48	7 21	11	9 23	10 6
12	4 50	7 19	12	9 58	11 22
13	4 51	7 17	13	10 37	0 soir 35
14	4 52	7 16	14	11 21	1 43
15	4 54	7 14	15	— —	2 46
16	4 55	7 12	16	0 matin 10	3 42
17	4 57	7 10	17	1 5	4 30
18	4 58	7 8	18	2 5	5 11
19	5 0	7 7	19	3 8	5 47
20	5 1	7 5	20	4 12	6 18
21	5 2	7 3	21	5 16	6 46
22	5 4	7 1	22	6 19	7 11
23	5 5	6 59	23	7 21	7 35
24	5 6	6 57	24	8 23	7 59
25	5 8	6 55	25	9 24	8 24
26	5 9	6 53	26	10 24	8 51
27	5 11	6 51	27	11 24	9 22
28	5 12	6 49	28	0 soir 23	9 58
29	5 14	6 47	29	1 21	10 39
30	5 15	6 45	30	2 16	11 27
31	5 16	6 43	31	3 7	— —

SEPTEMBRE

SOLEIL TEMPS MOYEN DE PARIS			LUNE TEMPS MOYEN DE PARIS		
J. du mois	Lever	Coucher	J. du mois	Lever	Coucher
	h m	h m		h m	h m
1	5 18	6 41	1	3 soir 53	0 matin 22
2	5 19	6 39	2	4 soir 35	1 matin 25
3	5 21	6 37	3	5 12	2 34
4	5 22	6 35	4	5 46	3 48
5	5 24	6 33	5	6 18	5 6
6	5 25	6 31	6	6 50	6 25
7	5 26	6 29	7	7 23	7 44
8	5 28	6 26	8	7 58	9 3
9	5 29	6 24	9	8 36	10 20
10	5 31	6 22	10	9 19	11 32
11	5 32	6 20	11	10 8	0 soir 38
12	5 33	6 18	12	11 2	1 soir 37
13	5 35	6 16	13	—	2 28
14	5 36	6 14	14	0 matin 0	3 11
15	5 38	6 12	15	1 matin 1	3 48
16	5 39	6 9	16	2 4	4 20
17	5 41	6 7	17	3 7	4 48
18	5 42	6 5	18	4 10	5 13
19	5 43	6 3	19	5 12	5 38
20	5 45	6 1	20	6 14	6 4
21	5 46	5 59	21	7 15	6 29
22	5 48	5 57	22	8 16	6 55
23	5 49	5 55	23	9 16	7 24
24	5 51	5 52	24	10 15	7 57
25	5 52	5 50	25	11 12	8 36
26	5 53	5 48	26	0 soir 7	9 20
27	5 55	5 46	27	0 soir 59	10 11
28	5 56	5 44	28	1 46	11 9
29	5 58	5 42	29	2 28	—
30	5 59	5 40	30	3 6	0 matin 14

OCTOBRE

| | SOLEIL | | | LUNE | |
| | TEMPS MOYEN DE PARIS | | | TEMPS MOYEN DE PARIS | |
J. du mois	Lever	Coucher	J. du mois	Lever	Coucher
	h m	h m		h m	h m
1	6 1	5 38	1	3 soir 41	1 matin 24
2	6 2	5 36	2	4 13	2 38
3	6 4	5 33	3	4 45	3 55
4	6 5	5 31	4	5 18	5 15
5	6 7	5 29	5	5 52	6 35
6	6 8	5 27	6	6 30	7 54
7	6 10	5 25	7	7 13	9 11
8	6 11	5 23	8	8 1	10 23
9	6 13	5 21	9	8 55	11 28
10	6 14	5 19	10	9 53	0 soir 24
11	6 16	5 17	11	10 54	1 10
12	6 17	5 15	12	11 57	1 49
13	6 19	5 13	13	— —	2 23
14	6 20	5 11	14	1 matin 0	2 52
15	6 22	5 9	15	2 3	3 18
16	6 23	5 7	16	3 5	3 43
17	6 25	5 5	17	4 6	4 8
18	6 26	5 3	18	5 7	4 33
19	6 28	5 1	19	6 8	4 59
20	6 30	4 59	20	7 9	5 27
21	6 31	4 58	21	8 9	5 59
22	6 33	4 56	22	9 7	6 36
23	6 34	4 54	23	10 2	7 18
24	6 36	4 52	24	10 54	8 6
25	6 37	4 50	25	11 42	9 1
26	6 39	4 48	26	0 soir 25	10 1
27	6 41	4 47	27	1 3	11 6
28	6 42	4 45	28	1 38	— —
29	6 44	4 43	29	2 10	0 matin 16
30	6 45	4 41	30	2 41	1 29
31	6 47	4 40	31	3 13	2 45

4.

NOVEMBRE

SOLEIL			LUNE		
TEMPS MOYEN DE PARIS			TEMPS MOYEN DE PARIS		
J. du mois	Lever	Coucher	J. du mois	Lever	Coucher
	h m	h m		h m	h m
1	6 49	4 38	1	3 soir 45	4 matin 3
2	6 50	4 37	2	4 20	5 23
3	6 52	4 35	3	5 0	6 42
4	6 53	4 33	4	5 46	7 58
5	6 55	4 32	5	6 39	9 8
6	6 57	4 30	6	7 38	10 11
7	6 58	4 29	7	8 41	11 4
8	7 0	4 27	8	9 45	11 47
9	7 1	4 26	9	10 50	0 soir 23
10	7 3	4 25	10	11 54	0 54
11	7 5	4 23	11	—	1 22
12	7 6	4 22	12	0 matin 57	1 48
13	7 8	4 21	13	1 58	2 12
14	7 9	4 19	14	2 59	2 36
15	7 11	4 18	15	4 0	3 2
16	7 13	4 17	16	5 1	3 30
17	7 14	4 16	17	6 1	4 1
18	7 16	4 15	18	7 1	4 36
19	7 17	4 14	19	7 58	5 16
20	7 19	4 13	20	8 51	6 2
21	7 20	4 12	21	9 40	6 54
22	7 22	4 11	22	10 25	7 53
23	7 23	4 10	23	11 5	8 57
24	7 25	4 9	24	11 40	10 4
25	7 26	4 8	25	0 soir 12	11 14
26	7 28	4 7	26	0 42	—
27	7 29	4 6	27	1 11	0 matin 26
28	7 30	4 6	28	1 42	1 40
29	7 32	4 5	29	2 15	2 56
30	7 33	4 5	30	2 52	4 13

DÉCEMBRE

	SOLEIL			LUNE	
	TEMPS MOYEN DE PARIS			TEMPS MOYEN DE PARIS	
J. du mois	Lever	Coucher	J. du mois	Lever	Coucher
	h m	h m		h m	h m
1	7 34	4 4	1	3 34 soir	5 30 matin
2	7 36	4 4	2	4 22	6 44
3	7 37	4 3	3	5 18	7 51
4	7 38	4 3	4	6 20	8 50
5	7 39	4 2	5	7 25	9 40
6	7 40	4 2	6	8 32	10 21
7	7 42	4 2	7	9 39	10 55
8	7 43	4 2	8	10 44	11 24
9	7 44	4 1	9	11 47	11 51
10	7 45	4 1	10	— —	0 16 soir
11	7 46	4 1	11	0 48 matin	0 41
12	7 47	4 1	12	1 49	1 6
13	7 48	4 1	13	2 50	1 32
14	7 48	4 1	14	3 51	2 1
15	7 49	4 2	15	4 52	2 34
16	7 50	4 2	16	5 50	3 13
17	7 51	4 2	17	6 45	3 58
18	7 51	4 2	18	7 37	4 49
19	7 52	4 3	19	8 25	5 46
20	7 53	4 3	20	9 7	6 48
21	7 53	4 4	21	9 44	7 55
22	7 54	4 4	22	10 17	9 5
23	7 54	4 5	23	10 48	10 16
24	7 55	4 5	24	11 17 soir	11 28
25	7 55	4 6	25	11 45	— —
26	7 55	4 7	26	0 15	0 42 matin
27	7 56	4 7	27	0 49	1 55
28	7 56	4 8	28	1 27	3 9
29	7 56	4 9	29	2 11	4 22
30	7 56	4 10	30	3 1	5 31
31	7 56	4 11	31	3 59	6 34

Utilité des tables précédentes indiquant les levers et les couchers du Soleil et de la Lune.

Ces tables ne sont applicables exactement qu'à la latitude de Paris, quant au moment vrai des levers et des couchers des deux astres; pour les autres latitudes en dessous et en dessus de celle de Paris, chaque indication devrait être modifiée en moins ou en plus, selon que la latitude serait inférieure ou supérieure. Mais cette correction ne dépasse pas, dans ses plus grands écarts, une demi-heure ; ce qui est à négliger pour l'usage qu'on peut avoir à en faire dans la pratique ordinaire. Nous ne les avons introduites dans ce recueil que dans un autre but qui se rattache à la météorologie, et qui nous dispense même d'y joindre les indications du passage précis des deux astres au méridien :

Les simples indications des levers et des couchers des deux astres permettraient d'obtenir avec une suffisante approximation l'époque des *Équinoxes*, des *Solstices*, des *Conjugaisons*, des *Lunestices* et des *Équilunes*. En effet, l'*Équinoxe* et l'*Équilune* (Eq. L.) sont indiqués par l'égalité des arcs semi-diurne et semi-nocturne, c'est-à-dire quand le temps qui s'écoule du lever au coucher est de 12 heures ; le *Solstice d'été* et le *Lunestice boréal* (L. B.), quand l'arc semi-diurne cesse de croître, c'est-à-dire quand la distance horaire du lever au coucher a atteint sa limite la plus grande; le *Solstice d'hiver* et le *Lunestice austral* (L. A.), au contraire, quand l'arc semi-diurne est le plus court, que la distance du lever au coucher est la plus courte et qu'elle cesse de diminuer. La *Conjugaison* des deux astres arrive quand les deux astres parcourent un arc semi-diurne égal.

Nous conseillons à nos lecteurs de s'exercer à ces constatations, qui pourraient leur devenir indispensables, s'ils n'avaient que des tables pareilles ou moins précises à leur disposition.

Nº IX

PHYSIONOMIE GÉNÉRALE

DE

CHAQUE MOIS DE L'ANNÉE 1865

D'APRÈS LA TABLE DRESSÉE EN 1805,

PAR

L'ABBÉ L. COTTE (*),

L'UN DES MÉTÉOROLOGUES ET DES PHILOSOPHES LES PLUS DISTINGUÉS
DE LA FIN DU XVIIIᵉ ET DU COMMENCEMENT DU XIXᵉ SIÈCLE.

(*) Grand-Jean de Fouchy, de l'Observatoire de Paris, ayant
signalé, en 1790, à l'abbé L. Cotte, les rapports de la période lunaire de 19 ans, avec le retour, an par an, des mêmes phénomènes de température moyenne, ce dernier s'appliqua à vérifier
cette donnée sur la série des observations météorologiques que
l'Observatoire mit à sa disposition ; et il en dressa un tableau pour
chaque année, à partir de 1805 jusqu'à 1898 inclusivement. C'est
de ce travail que nous avons extrait ce qui concerne l'année 1865.
Dans l'*Avertissement du Manuel annuaire de la santé* pour 1864,
nous en avions déjà donné ce qui concerne la température
moyenne pour chaque mois de cette année ; et nos lecteurs au-
ront pu juger, par leurs propres observations, combien les résultats ont coïncidé avec la prévision.

ANNÉE 1865.

Janvier.

TEMPÉRATURE MOYENNE : Assez froide et humide. — *Vent dominant* : Sud. — *Jours de pluie :* 11. — *Quantité d'eau :* 68 mil-
mètres.

Février.

TEMPÉRATURE MOYENNE : Froide et humide. — *Vent dominant :*
Nord. — *Jours de pluie :* 14. — *Quantité d'eau :* 52 millimètres.

Mars.

TEMPÉRATURE MOYENNE : Froide, humide. — *Vent dominant :*
Nord. — *Jours de pluie :* 15. — *Quantité d'eau :* 48 millimètres.

Avril.

TEMPÉRATURE MOYENNE : Froide, humide. — *Vent dominant :*
Nord. — *Jours de pluie :* 14. — *Quantité d'eau :* 63 millimètres.

Mai.

TEMPÉRATURE MOYENNE : Chaude, sèche. — *Vent dominant :*
Sud-ouest. — *Jours de pluie :* 14. — *Quantité d'eau :* 37 millimètres.

Juin.

TEMPÉRATURE MOYENNE : Froide, humide. — *Vent dominant :*
Nord-ouest. — *Jours de pluie :* 15. — *Quantité d'eau :* 84 millimètres.

Juillet.

Température moyenne : Froide, humide. — *Vent dominant :* Sud-ouest. — *Jours de pluie :* 17. — *Quantité d'eau :* 66 millimètres.

Août.

Température moyenne : Chaude, sèche. — *Vent dominant :* variable. — *Jours de pluie :* 9. — *Quantité d'eau :* 32 millimètres.

Septembre.

Température moyenne : Douce, sèche. — *Vent dominant :* Sud-ouest. — *Jours de pluie :* 11. — *Quantité d'eau :* 74 millimètres.

Octobre.

Température moyenne : Froide, humide. — *Vent dominant :* Sud-ouest. — *Jours de pluie :* 15. — *Quantité d'eau :* 75 millimètres.

Novembre.

Température moyenne : Froide, humide. — *Vent dominant :* Sud. — *Jours de pluie :* 13. — *Quantité d'eau :* 72 millimètres.

Décembre.

Température moyenne : Douce, humide. — *Vent dominant :* Sud. — *Jours de pluie :* 15. — *Quantité d'eau :* 48 millimètres.

Observations sur les prévisions indiquées par le tableau précédent.

Les indications du tableau précédent sont spéciales à l'Observatoire de Paris. Elles se modifieront en raison des hauteurs et des expositions locales.

Ainsi, la quantité d'eau de pluie sera plus grande au pied que sur la crête de la colline exposée au vent qui amène les nuages, et la moindre quantité sera recueillie sur le flanc opposé de la colline.

Pour constater approximativement l'épaisseur de la couche d'eau tombée dans les environs du lieu de l'Observation, il suffit de placer, à une certaine distance des habitations et des arbres, et à un mètre environ au-dessus du sol, un vase à fond plat et à parois verticales. On évalue l'épaisseur en plongeant le décimètre divisé en millimètres dans la couche d'eau. Au moyen d'un *hydomètre*, on obtiendrait des indications plus précises.

Pour évaluer l'épaisseur de la neige tombée, on n'a qu'à plonger, de distance en distance, le décimètre, et au besoin le mètre dans la couche de neige et à prendre la moyenne de ces indications ; ou bien qu'à disposer horizontalement sur un pivot une planchette carrée : la neige s'y déposant couche par couche, il se formera un dé de neige à parois verticales, contre lesquelles vous n'aurez de temps à autre qu'à appliquer le décimètre ; chaque fois on a soin de balayer la planchette, afin que la neige n'ait pas le temps de se tasser. La neige non tassée et observée à de courtes distances, se réduit au 14e de son épaisseur, une fois fondue en eau.

Il serait à désirer que la commune mît à la disposition de son instituteur les moyens d'enregistrer chaque jour les hauteurs du baromètre, les degrés du thermomètre, la quantité d'eau tombée, l'aspect du ciel, la direction du vent et des nuages, tous les phénomènes météorologiques enfin observés dans la localité. L'utilité pratique de ce registre se manifesterait au bout de 19 ans pour les travaux agricoles, s'il est vrai, comme nous le pensons, qu'à quelques exceptions près, les mêmes phénomènes se reproduisent tous les dix-neuf ans. Pour prévoir le temps qu'il fera un jour quelconque de l'année, on n'aurait dès lors qu'à consulter le registre à la même date d'il y a 19 ans.

N° X

OBSERVATIONS

RECUEILLIES A L'OBSERVATOIRE DE PARIS

PENDANT L'ANNÉE 1808,

ANNÉE QUI, DANS LA PÉRIODE LUNAIRE DE 19 ANS,

CORRESPOND A LA PRÉSENTE ANNÉE 1865 (*)

(*) Il est probable que pour l'Observatoire de Paris les phénomènes de l'année 1808 se reproduiront en l'année 1865 à peu près aux mêmes époques, avec des modifications de localités et de latitudes pour les autres régions de la France.

Comme l'année précédente (1864) a eu 366 jours, et que le 366ᵉ jour de l'année 1808, est placé à la suite du 28 février, on observera jusqu'à ce dernier jour, une certaine précession entre la coïncidence des jours et des phénomènes.

		THERMOMÈTRE R.			
1808		JANVIER			1808
Jours du mois.	Baromètre à midi.	Maximum.	Minimum.	Vents.	TEMPS.
	mm.				
1	745,15	+ 3,9	+ 2,2	S. fort.	Pluie et neige.
2	737,82	+ 7,0	+ 3,8	S. fort.	Pluie.
3	745,43	+ 5,3	+ 2,0	S.-S.-O. f.	Assez beau.
4	760,32	+ 3,9	— 0,2	O.	Brouillard et ciel couv.
5	758,96	+ 5,0	+ 2,4	S. fort.	Pluie abondante.
6	768,66	+ 6,5	+ 3,3	O.-N.-O.	Beau ciel ou nuages.
7	772,35	+ 5,6	+ 3,7	Calme.	Brouillard épais.
8	772,50	+ 4,6	+ 2,2	N.	Brouill. épais et humide.
9	772,85	+ 4,2	+ 2,7	Calme.	Brouillard et ciel couv.
10	769,24	+ 4,3	+ 3,8	N.-O.	Petite pluie fine.
11	760,72	+ 8,3	+ 5,5	N.-N.-O.	Id. et ciel couv.
12	755,80	+ 4,0	+ 0,3	S.	Ciel couvert et pluvieux.
13	753,45	+ 4,2	+ 0,2	S.-O. fort.	Eclaircies.
14	743,87	+ 7,2	+ 1,6	N.-O.	Ciel couvert et pluvieux.
15	757,20	+ 1,7	— 1,0	N.-O.	Ciel très-nuageux.
16	760,72	+ 1,5	— 2,5	N.	Beau ciel, brouill. le soir.
17	765,43	— 1,5	— 2,9	N.-N.-E.	Ciel très-couvert.
18	768,58	— 0,0	— 3,0	N.	Ciel assez beau.
19	762,97	— 1,5	— 4,2	N.-O.	Br. épais ou ciel couv.
20	752,19	+ 1,7	— 1,4	S. faible.	Ciel couv. ou brouillard.
21	754,16	+ 0,4	— 3,0	N.	Ciel très-nuageux.
22	763,57	— 0,4	— 4,6	N.	Beau ciel.
23	761,22	— 4,5	— 5,8	N.	Brouillard ou ciel couv.
24	758,16	— 0,5	— 3,2	S.	Neige et givre.
25	746,72	+ 2,1	— 0,2	S.	Pluie fine par intervalles
26	739,10	+ 0,4	— 0,9	S.-S.-E.	Beau ciel, neige le soir.
27	751,49	+ 1,4	— 1,9	O.	Assez beau ciel.
28	748,94	+ 6,8	+ 4,1	S.-O.	Petite pluie par interv.
29	754,66	+ 5,7	+ 2,8	O.	Ciel couvert, grésil.
30	751,96	+ 8,8	+ 3,8	S.-O. fort.	Pluie fine.
31	758,66	+ 9,8	+ 7,7	O.-N.-O.	Ciel couvert.

Eau tombée, 22mm,50.

		1808		FÉVRIER		1808

Jours du mois.	Baromètre à midi.	THERMONÈTRE R.		Vents.	TEMPS.
		Maximum.	Minimum.		
	min.				
1	761,62	+ 9,9	+ 7,6	S.-S.-O.	Ciel très-nuageux.
2	756,82	+ 8,4	+ 7,2	S.-S.-O. f.	Ciel pluvieux.
3	761,22	+ 6,7	+ 2,0	S.-S.-O.	Ciel assez beau.
4	768,68	+ 2,8	+ 1,3	O.	Brouillard épais.
5	768,48	+ 3,5	— 1,4	S.-S.-O.	Brouillard et ciel couv.
6	765,13	+ 5,8	+ 2,8	S.-S.-O.	Ciel pluvieux.
7	762,67	+ 8,2	+ 5,2	O.-S.-O.	Id.
8	757,30	+ 7,4	+ 5,0	S.-O.	Id.
9	756,70	+ 3,4	— 0,6	O.-N.-O.	Ciel très-nuageux.
10	759,46	+ 2,8	— 1,0	N.-O.	Ciel nuageux.
11	761,22	+ 2,8	— 2,4	N.-O.	Ciel pluvieux.
12	731,73	+ 1,4	— 0,8	O.-N.-O.	Pluie et neige abond.
13	750,22	+ 0,9	— 2,7	N.-N.-O.	Fréquentes éclaircies.
14	757,30	+ 0,3	+ 3,3	N.-O.	Neige par intervalles.
15	761,82	+ 1,2	— 4,6	N.-O.	Brouill. léger, puis neige.
16	754,06	+ 3,9	— 0,2	O.	Neige abond. le matin.
17	761,22	+ 2,6	— 0,0	O.-N.-O.	Brouill. et ciel couvert.
18	757,20	+ 5,0	+ 2,8	O.	Pluie fine tout le jour.
19	763,37	+ 2,7	+ 0,3	E.-N.-E.	Ciel très-nuageux.
20	769,74	+ 2,8	— 0,5	E.-N.-E.	Ciel assez beau.
21	768,18	+ 2,5	— 1,5	N.-N.-E. f.	Ciel beau.
22	768,28	+ 2,3	— 3,4	N.-E.	Ciel superbe, br. le soir.
23	763,97	+ 0,6	— 1,5	N.-E.	Ciel couvert.
24	766,23	+ 1,3	— 3,0	N.-E.	Br. le m., puis ciel ass. b.
25	773,75	— 0,7	— 4,6	N.-E.	Ciel beau.
26	772,60	+ 2,7	— 6,4	N.-E.	Ciel assez beau.
27	768,48	+ 5,0	+ 4,8	N.-E. fort.	Ciel couvert.
28	770,44	+ 5,5	+ 1,7	O.	Ciel très-nuag., humide.
29	760,30	+ 6,1	+ 3,9	O.	Pluie fine tout le jour.

Eau tombée, 11^{mm},73.

1808		MARS		1808

Jours du mois.	Baromètre à midi.	THERMOMÈTRE R.		Vents.	TEMPS.
		Maximum.	Minimum.		
	mm.				
1	768,48	+ 6,3	+ 1,5	N.-O.	Ciel couvert.
2	767,48	+ 7,8	+	N.-O.	Brouillard et pluie fine
3	767,98	+ 9,1	+ 4,6	Calme.	Brumeux.
4	769,64	+ 8,0	+ 2,4	N.-E.	Assez beau.
5	767,18	+ 6,4	+ 0,5	N.-E.	Superbe.
6	765,53	+ 3,3	— 1,1	N.-E. fort.	Nuageux.
7	762,67	+ 4,4	+ 0,0	N.-E. fort.	Très-beau.
8	762,67	+ 5,2	— 1,4	N.-E. fort.	Nuageux, beau.
9	764,26	+ 5,2	— 1,6	N.-E. fort.	Id.
10	763,57	+ 2,8	— 2,1	N.-E. fort.	Beau.
11	763,57	+ 5,3	— 2,0	N.-E. fort.	Très-beau.
12	762,47	+ 4,0	— 2,2	N.-E.	Beau.
13	761,12	+ 5,6	— 1,5	N.-E. fort.	Superbe.
14	758,46	+ 6,6	— 1,6	E.	Beau, vaporeux le mat.
15	756,20	+ 9,6	— 1,2	N.-E.	Beau.
16	756,10	+ 8,4	— 1,0	E.	Ciel couvert.
17	756,20	+ 4,0	— 0,?	N.-E.	Brouill. et pluie abond.
18	756,40	+ 3,4	— 2,7	N.	Pluie fine.
19	751,69	+ 6,8	— 1,9	S.-E.	Brouillard et pluie.
20	750,44	+ 10,4	+ 6,4	S.-O.	Pluvieux.
21	752,20	+ 12,3	+ 6,4	S.-S.-O.	Brouillard et pluie.
22	755,70	+ 7,5	+ 3,7	E.	Pluvieux.
23	754,45	+ 5,2	— 1,4	N.-E.	Beau.
24	755,05	+ 4,2	— 2,0	N.-E.	Id.
25	756,80	+ 6,1	— 2,8	N.-E.	Brouillard, ciel couvert.
26	757,20	+ 9,3	+ 1,2	S.-E.	Id.
27	757,96	+ 7,5	+ 2,1	N.	Très-beau.
28	758,56	+ 4,5	— 0,8	N.-E.	Id.
29	759,16	+ 6,1	— 1,8	N.-E.	Ciel superbe.
30	756,10	+ 4,4	— 2,2	N.-E.	Id.
31	755,05	+ 4,8	— 2,2	N.-E.	Ciel couv., grésil le soir.

Eau tombée, 11^{mm},29.

1808	AVRIL	1808

Jours du mois.	Baromètre à midi.	THERMOMÈTRE R.		Vents.	TEMPS.
		Maximum.	Minimum.		
	mm.				
1	760,72	+ 10,2	+ 4,4	O.-N.-O.	Pluvieux.
2	766,43	+ 8,6	+ 4,6	N.	Id.
3	764,93	+ 13,1	+ 0,6	O.	Brouillard.
4	760,82	+ 14,8	+ 4,3	N.-N.-E.	Brouillard et éclaircies.
5	753,95	+ 11,9	+ 8,3	S.-S.-O.	Pluvieux.
6	760,72	+ 13,6	+ 10,7	S.-S.-O.	Assez beau.
7	761,82	+ 15,3	+ 6,4	S.-O.	Nuageux.
8	754,95	+ 8,1	+ 5,4	O.-S.-O.	Pluvieux.
9	767,48	+ 7,7	+ 3,1	N.-N.-E.	Nuageux.
10	767,68	+ 10,5	+ 3,4	N.-O.	Assez beau.
11	766,98	+ 12,0	+ 2,1	N.-O.	Brouill., gelée blanche.
12	760,62	+ 10,2	+ 4,4	O.-N.-O.	Pluvieux.
13	766,43	+ 8,6	+ 4,6	N.	Id.
14	764,93	+ 13,1	+ 0,6	O.	Brouill., gelée blanche.
15	760,82	+ 14,8	+ 4,3	N.-N.-E.	Brouillard, puis beau
16	760,42	+ 11,8	+ 4,7	N.-N.-E.	Nuageux.
17	763,97	+ 6,9	+ 0,5	N.-N.-E.	Très-nuageux.
18	762,46	+ 6,5	— 1,0	N.-O.	Pluie et grésil.
19	751,39	+ 10,0	— 1,4	S.-S.-E.	Nébuleux.
20	749,54	+ 13,4	+ 3,5	S.-S.-O.	Brouillard et nuageux.
21	748,09	+ 9,2	+ 2,8	O.-N.-O.	Pluvieux.
22	751,99	+ 10,3	— 0,2	O.	Brouillard et pluie.
23	748,31	+ 7,6	— 0,2	S.-S.-O. f.	Brouillard et couvert.
24	749,24	+ 5,3	+ 2,8	O.-S.-O.	Très-pluvieux.
25	755,90	+ 5,8	— 1,7	N.	Pluvieux.
26	758,26	+ 9,2	— 1,8	O.	Très-nuageux.
27	755,90	+ 9,5	— 2,1	N.-O.	Nuageux.
28	753,65	+ 6,3	+ 4,3	O.-N.-O.	Pluie fine.
29	755,70	+ 8,0	+ 2,9	N.-N.-O.	Couvert.
30	756,76	+ 10,2	+ 3,1	N.	Id.

Eau tombée, 11mm,21.

| | 1808 | | MAI | | 1808 |

Jours du mois.	Baromètre à midi.	THERMOMÈTRE R.		Vents.	TEMPS.
		Maximum.	Minimum.		
	mm.				
1	759,36	+ 13,4	+ 1,8	E.	Léger brouillard, beau.
2	757,20	+ 19,2	+ 6,4	S.-E.	Très-nuageux.
3	755,70	+ 19,7	+ 9,0	S.	Ciel nuageux.
4	755,04	+ 20,8	+ 11,5	O.	Id.
5	756,70	+ 17,7	+ 10,8	S.-O.	Ciel très-nuageux.
6	732,49	+ 20,5	+ 10,4	S.-S.-O.	Orage et pluie forte.
7	751,79	+ 19,2	+ 12,2	S. fort.	Ciel très-nuageux.
8	750,64	+ 15,1	+ 7,6	O.	Pluvieux.
9	752,69	+ 12,3	+ 7,0	S.-S.-O.	Nuageux.
10	759,06	+ 16,0	+ 5,3	S.-S.-O.	Id.
11	763,07	+ 14,0	+ 8,5	S.	Pluvieux.
12	769,24	+ 16,6	+ 7,5	O.	Nuageux.
13	768,78	+ 19,0	+ 10,7	E.	Id.
14	766,98	+ 22,1	+ 9,8	S.-S.-E.	Vaporeux et voilé.
15	764,23	+ 21,3	+ 10,9	S.-S.-E.	Id.
16	761,72	+ 23,4	+ 13,2	S.-E.	Très-vaporeux.
17	761,22	+ 25,4	+	S.-E.	Assez beau.
18	759,56	+ 17,7	+ 11,0	N.	Pluvieux.
19	763,97	+ 16,6	+ 10,6	N.-N.-E.	Nuageux.
20	757,30	+ 20,2	+ 9,9	N.-E.	Orageux.
21	756,40	+ 16,7	+ 11,0	S.-O.	Couvert.
22	750,04	+ 17,5	+ 10,5	O.	Pluvieux.
23	756,70	+ 15,7	+ 10,5	S.-O.	Très-nuageux.
24	759,76	+ 17,4	+ 9,4	S.-O.	Id.
25	757,50	+ 12,1	+ 11,6	S.-S.-E.	Id.
26	753,46	+ 21,2	+ 10,3	S.-S.-E.	Pluvieux.
27	758,46	+ 16,4	+ 11,5	S.-O.	Très-nuageux.
28	762,97	+ 16,4	+ 10,2	O.	Assez beau.
29	766,98	+ 19,3	+ 7,0	S.-S.-E.	Id.
30	763,97	+ 21,2	+ 9,5	N.-N.-E.	Vaporeux.
31	756,20	+ 23,4	+ 13,4	E.	Nuageux.

Eau tombée, 15^{mm},30.

1808		JUIN		1808

Jours du mois.	Baromètre à midi.	THERMOMÈTRE B.		Vents.	TEMPS.
		Maximum.	Minimum.		
	mm.				
1	753,31	+ 17,6	+ 13,6	S.	Pluvieux.
2	762,66	+ 15,0	+ 9,2	O.	Id.
3	757,96	+ 18,2	+ 10,0	E. et S.-E.	Id.
4	754,05	+ 17,2	+ 10,6	S.-E. et S.	Couvert.
5	754,95	+ 17,0	+ 8,3	S.	Pluie, tonnerre et grêle.
6	756,80	+ 12,9	+ 5,2	S.-O.	Très-nuageux.
7	758,96	+ 11,0	+ 7,6	O.	Pluie abondante.
8	759,07	+ 14,0	+ 10,4	O.	Pluvieux.
9	754,85	+ 12,4	+ 9,0	O.	Très-pluvieux.
10	755,05	+ 11,7		N.-O.	Pluvieux.
11	760,72	+ 14,0	+ 8,4	N.	Id.
12	763,27	+ 11,4		N.	Couvert.
13	764,66	+ 14,2	+ 8,2	N.	Id.
14	762,67	+ 18,2	+ 7,8	N.-E.	Assez beau.
15	758,86	+ 15,3	+ 11,2	O.	Couvert.
16	761,73	+ 15,4	+ 7,2	O.	Brouill., puis nuageux.
17	761,73	+ 17,2	+ 11,2	N.-O.	Très-nuageux.
18	764,83	+ 16,8	+ 7,4	O.	Couvert.
19	763,37	+ 20,1	+	N.-O.	Nuageux.
20	760,72	+ 20,2	+ 10,4	N.-O.	Id.
21	758,46	+ 20,0	+ 12,0	E.	Id.
22	754,69	+ 20,8	+ 10,1	E.	Assez beau.
23	757,40	+ 16,1	+ 10,8	S.-O.	Nuageux.
24	757,20	+ 18,0	+ 8,9	S.	Id.
25	760,72	+ 17,4	+ 9,7	N.	Pluvieux.
26	760,42	+ 18,4	+ 10,5	N.-O.	Nuageux.
27	759,72	+ 14,5	+ 11,0	N.	Id.
28	760,32	+ 15,5	+ 10,4	N.	Couvert.
29	761,92	+ 18,6	+ 12,4	N.	Id.
30	763,87	+ 20,2	+ 12,7	N.	Beau.

Eau tombée, 41mm,95.

		1808		JUILLET	1808

Jours du mois.	Baromètre à midi.	THERMOMÈTRE R.		Vents.	TEMPS.
		Maximum.	Minimum.		
	mm.				
1	761,72	+ 23,6	+ 12,0	N.-E.	Assez beau.
2	760,22	+ 21,8	+ 14,2	N.-E. et O.	Orageux, averses.
3	759,46	+ 17,0	+ 13,2	Calme.	Orageux jusqu'à midi.
4	760,22	+ 15,8	+ 10,1	N.	Couvert.
5	758,96	+ 14,8	+ 9,8	N.-O.	Pluvieux.
6	764,93	+ 18,0	+ 6,5	N.	Assez beau.
7	765,23	+ 20,0		S.	Voilé et puis vaporeux.
8	762,87	+ 20,5	+ 10,5	O.	Nuageux.
9	762,87	+ 22,1	+ 11,3	S. et N.-O.	Très-nuageux.
10	763,97	+ 22,5	+ 12,5	N.-O.	Nuageux.
11	765,53	+ 24,2	+ 12,2	E.	Très-beau.
12	765,23	+ 25,9	+ 15,0	S.-E.	Superbe.
13	762,87	+ 27,5	+ 12,9	S.-E.	Très-beau.
14	762,02	+ 28,0	+ 15,6	S.	Id.
15	759,96	+ 29,0	+ 16,9	S.-E.	Nuageux.
16	759,96	+ 25,4	+ 16,3	N.-O.	Assez beau.
17	763,47	+ 22,0	+ 13,7	O.	Nuageux, le soir pluie.
18	762,47	+ 27,5	+ 18,7	Variable.	Pluvieux.
19	758,46	+ 28,2	+ 15,3	N.-E., S.-O.	Id.
20	758,26	+ 21,2	+ 14,4	O.	Id.
21	754,95	+ 19,6	+ 13,2	S.	Couvert, puis pluvieux.
22	757,20	+ 21,2	+ 13,0	S.-O , S.-E.	Très nuageux.
23	758,36	+ 20,5	+ 13,2	S.	Pluie le soir.
24	757,40	+ 19,7	+ 11,2	S.	Orageux.
25	757,10	+ 17,5	+ 10,5	S.-O.	Pluvieux.
26	758,96	+ 19,2	+ 10,8	O.	Très-nuageux.
27	758,95	+ 21,2	+ 13,6	S.-O	Pluvieux.
28	752,39	+ 14,7	+ 10,7	O. et S.-O. f.	Id.
29	754,45	+ 20,0	+ 13,2	S.-O.	Id.
30	750,37	+ 21,0	+ 14,0	O.	Très-nuageux.
31	754,46	+ 23,4	+ 14,2	Variable.	Beau, ensuite orage.

Eau tombée, 63^{mm},06.

| 1808 | | AOÛT | | 1808 |

| Jours du mois. | Baromètre à midi. | THERMOMÈTRE R. | | Vents. | TEMPS. |
		Maximum.	Minimum.		
	mm.				
1	754,05	+ 19,7		S.-O. fort.	Beau et pluie le soir.
2	758,46	+ 18,4	+ 13,1	S. et N.-O.	Pluie le mat., puis nuag.
3	763,81	+ 18,1	+ 11,6	O.	Très-nuageux.
4	761,92	+ 20,3	+ 13,9	S.-E. faible.	Nuageux, puis beau.
5	734,35	+ 23,0	+ 15,5	S.-S.-E.	Superbe.
6	733,95	+ 24,0	+ 14,7	S.-O. faible.	Nuageux et beau.
7	757,96	+ 22,9	+ 13,2	S.	Sup. le mat., orage le s.
8	759,66	+ 21,0	+ 13,2	S.-O.	Orage toute la journée.
9	750,74	+ 16,0	+ 12,7	S.-O.	Orage le soir.
10	753,55	+ 17,3	+ 12,8	O.	Couvert, pluie le soir.
11	753,65	+ 18,0	+ 13,2	S.	Couvert, pluie à midi.
12	756,20	+ 20,2	+ 12,0	S.	Très-nuageux.
13	758,76	+ 18,6	+ 11,2	S.	Id.
14	757,20	+ 20,8	+ 14,8	S.	Pluie le mat., nuag. le s.
15	754,99	+ 17,3	+ 11,5	O.	Couvert, puis pluvieux.
16	759,26	+ 16,4	+ 11,3	O.	Très-nuageux.
17	758,36	+ 17,7	+ 10,5	O.	Couvert, pluie à midi.
18	760,62	+ 16,0	+ 11,4	Calme.	Assez beau.
19	760,22	+ 15,6	+ 7,8	N.	Beau le mat., nuag. le s.
20	761,72	+ 15,9	+ 10,1	N.	Nuageux, puis superbe.
21	762,87	+ 18,9	+ 10,0	N.	Couvert, puis beau.
22	763,01	+ 20,0	+ 12,0	N.-E.	Beau, puis superbe.
23	759,70	+ 18,8	+ 12,0	N.-E.	Assez beau.
24	758,70	+ 18,5	+ 11,8	N.-E. fort.	Id.
25	759,06	+ 18,6	+ 12,2	N.-E. fort.	Très-nuageux.
26	754,65	+ 19,7	+ 9,8	N. fort.	Très-nuag., puis beau
27	750,46	+ 22,0	+ 9,7	S.	Nuag. le m. et pluie le s.
28	753,65	+ 18,3	+ 10,4	Calme.	Couvert et beau le soir.
29	762,53	+ 19,8	+ 11,3	N. et E.	Assez beau m., orag. f. s.
30	754,99	+ 21,0	+ 12,0	S.-E.	Couvert.
31	754,05	+ 16,4	+ 11,2	S.-O.	Pluvieux.

Eau tombée, 71^{mm},60.

5.

1808		SEPTEMBRE			1808

Jours du mois.	Baromètre à midi.	THERMOMÈTRE R. Maximum.	Minimum.	Vents.	TEMPS.
	mm.				
1	756.70	+ 17,7		S.-O. fort.	Ciel couv. et pluie fine.
2	759,28	+ 15,6	+ 11,0	S.	Pluvieux.
3	759,22	+ 16,3	+ 12,1	O.	Très-nuag., pluie le soir.
4	757,96	+ 16,0	+ 10,5	O.	Très-nuag., pluie à midi.
5	756,20	+ 18,6	+ 9,6	S.-O,	Couvert.
6	756,50	+ 16,6	+ 13,0	O.	Très-nuageux.
7	758,76	+ 16,2		S.-O.	Couvert.
8	751,99	+ 18,2	+ 9,2	S.	Couvert.
9	756,68	+ 16,7	+ 9,2	S.-O. fort.	Très-nuag., pluie le s.
10	746,29	+ 14,7	+ 9,5	S.-O. fort.	Très-pluvieux.
11	751,19	+ 15,6	+ 9.3	S.-O. fort.	Très-nuageux.
12	753,95	+ 15,6	+ 10,0	S.	Très-pluvieux.
13	753,45	+ 15,2	+ 10,6	S.	Couvert, orage à midi.
14	753,95	+ 14,8	+ 10,1	N.-O.	Très-nuageux.
15	758,16	+ 16,7	+ 10,6	N.	Id.
16	762,71	+ 14,9	+ 8,0	N.	Superbe.
17	760,48	+ 13.9	+ 8,3	N.-E.	Voilé, couv., très-nuag.
18	756,80	+ 16,6	+ 9,0	S.-E.	Couvert, pluie à midi.
19	758,02	+ 17,0	+ 9,3	Calme.	Orage la nuit, beau le j.
20	767,98	+ 15,3	+ 7,4	Calme.	Nuageux.
21	767,28	+ 15,3	+ 7,0	N.-E. faibl.	Br., le mat., superbe ens.
22	760,36	+ 15,6	+ 7,6	Calme.	Très-nuageux.
23	749,44	+ 14,2	+ 8,3	Calme.	Pluie continuelle.
24	755.05	+ 13,8	+ 8,5	N.	Très-nuageux.
25	760,42	+ 12.6	+ 4,2	N.	Beau et superbe le soir.
26	757,96	+ 13,9	+ 6,2	N.-E.	Superbe.
27	753,57	+ 13,3	+ 5,8	N.	Pluie continuelle.
28	751,25	+ 8,2	+ 3,3	O. variable.	Couvert, pluie à midi.
29	737,66	+ 5,6	+ 5.2	E. et N.	Pluie abond. tout le jour.
30	746,98	+ 9,2	+ 3,7	N. faible.	Très-nuageux.

Eau tombée, 55mm,80.

1808	OCTOBRE	1808

Jours du mois.	Baromètre à midi.	THERMOMÈTRE R.		Vents.	TEMPS.
		Maximum.	Minimum.		
	mm.				
1	755,05	+ 10,0	+ 4,3	O.	Pluie cont. jusqu'à midi.
2	757,22	+ 10,0	+ 6,2	S.	Couvert, pluie le soir.
3	761,04	+ 12,8	+ 7,3	S,-O.	Couvert.
4	765,73	+ 13,0	+ 7,6	Calme.	Brouill. le mat. et le s.
5	764,07	+ 12,2	+ 6,0	Calme.	Br. le mat., superbe ens.
6	761,28	+ 13,7	+ 3,4	Calme.	Nuageux.
7	760,78	+ 14,0	+ 7,6	O.	Br. le mat., couv. ens.
8	746,88	+ 9,5	+ 5,0	O. fort.	Pluie abondante.
9	753,09	+ 7,4	+ 5,4	N.-O.	Pluv. le mat.,couv. ens.
10	753,51	+ 10,8	+ 0,8	O.	Très-nuag., pluie à m.
11	761,42	+ 11,5	+ 5,3	N.-O.	Très-nuageux.
12	759,00	+ 10,0	+ 5,5	N.-O.	Pluie le mat., couv. ens.
13	761,22	+ 7,2	+ 1,0	N.	Pluie le mat., beau ens.
14	754,45	+ 8,0	— 0,7	S fort.	Gel. blanche, pl. apr.-m.
15	743,53	+ 9,8	+ 5,5	S -O.	Averse le m., couv. ens.
16	751,79	+ 10,0	+ 4,7	S.-O. fort.	Pluie forte après midi.
17	751,59	+ 8,5	+ 3,0	O. fort.	Pluie et averses
18	754,72	+ 8,0	+ 2 3	S.-O.	Nuageux et pluie à midi.
19	749,75	+ 7,2	+ 3,5	O.	Pluvieux toute la journ.
20	751,19	+ 8,5	+ 4,7	N.-O.	Très-pluvieux.
21	747,18	+ 9,6	+ 5,0	S.-O.	Id.
22	752.25	+ 9,6	+ 2,4	S.-O.	Couvert, averse le soir.
23	759,26	+ 7,7	+ 2,4	O.	Nuageux.
24	749,14	+ 10,0	+ 6,7	S. fort.	Pluvieux.
25	758,28	+ 8,8	+ 2,6	S.-O.	Nuageux.
26	747,78	+ 9,8	+ 5,9	S.-O. fort	Pluvieux.
27	749,72	+ 11,0	+ 6,0	S.-O.	Couv., pluie abond. le s.
28	752,55	+ 10,3	+ 4,8	S. fort.	Nuageux.
29	756,04	+ 9,9	+ 6,7	S.	Nuag., pluie fine le soir.
30	761,82	+ 9,7	+ 3,6	N. faible.	Brouill. le m., beau ens.
31	763,51	+ 8,9	+ 6,6	N.-E. faib.	Couvert.

Eau tombée, 67mm,60.

| | | 1808 NOVEMBRE 1808 | | | |

Jours du mois.	Baromètre à midi.	THERMOMÈTRE R.		Vents.	TEMPS.
		Maximum.	Minimum.		
	mm.				
1	763,03	+ 10,1	+ 5,5	N.-E. faib.	Nuageux.
2	759,92	+ 8,7	+ 3,6	E. faible.	Nuag., pluie fine le soir.
3	757,22	+ 8,3	+ 4,9	N.-E.	Pluie fine et lég. brouill.
4	758,52	+ 5,8	+ 2,2	N.-E. fort.	Nuageux.
5	756,30	+ 5,0	+ 1,7	N. faible.	Lég. br. le m., couv. ens.
6	752,48	+ 6,1	− 0,2	E. faible.	Lég. br., gel., nuag. ens.
7	749,84	+ 8,9	+ 1,2	S.-E. faib.	Très-nuageux.
8	749,24	+ 10,6	+ 3,1	Id.	Lég. br. le m., nuag. ens.
9	747,84	+ 12,0	+ 8,8	Id.	Br., pl. fine le m., nuag.
10	746,24	+ 11,9	+ 6,4	N.-E. faibl.	Vaporeux.
11	752,69	+ 4,4	+ 3,3	Id.	Léger brouillard.
12	760,62	+ 4,7	+ 4,0	Id.	Br. le mat., couv. ens.
13	761,42	+ 4,5	+ 3,0	Id.	Id.
14	761,82	+ 9,2	+ 2,0	N.-E.	Id.
15	761,72	+ 3,8	+ 1,0	S.	Id.
16	743,77	+ 9,2	+ 3,8	S.	Id.
17	746,68	+ 9,4	+ 5,6	S. fort.	Brouill., puis pluie ab.
18	738,6	+ 9,0	+ 5,3	S.-O. fort.	Averse le m., nuag. ens.
19	746,32	+ 5,8	+ 3,7	Id.	Grésil et pluie.
20	755,70	+ 7,5	+ 3,6	O. fort.	Très-nuageux.
21	760,22	+ 11,2	+ 8,6	S.-O. fort.	Id.
22	765,73	+ 8,6	+ 4,1	O. faible.	Id.
23	765,65	+ 9,2	+ 5,5	Calme	Pl. fine le m., brouill. ens.
24	765,23	+ 8,5	+ 6,6	O. faible.	Lég. brouill., puis nuag.
25	761,62	+ 8,2	+ 0,7	S.-O.	Brumeux et pluvieux.
26	760,92	+ 8,4	+ 8,3	O. faible.	Brumeux, puis couvert.
27	748,62	+ 9,6	+ 7,7	O. tr.-fort.	Couv. le mat., beau le s.
28	753,79	+ 4,3	+ 1,5	Calme.	Très-nuag., grésil le soir.
29	754,25	+ 9,6	− 0,3	O.	Gel., beau m.; gres., av. s.
30	742,97	+ 7,6	+ 4,4	O. faible.	Brouillard et pluie.

Eau tombée, 41mm,70.

		THERMOMÈTRE R.			
Jours du mois.	Baromètre à midi.	Maximum.	Minimum.	Vents.	TEMPS.
	mm.				
1	747,88	+ 5,8	+ 3,9	O. fort.	Averses fréquentes.
2	746,68	+ 7,4	+ 5,5	S.-O. fort.	Averses et grésil.
3	749,00	+ 6,8	+ 5,6	Id.	Brouillard et pluie.
4	760,72	+ 7,5	+ 4,8	N.-O. faib.	Couvert légèrement.
5	770,84	+ 4,8	+ 0,7	Calme.	Beau, puis brouill. ép
6	763,47	+ 8,2	+ 5,4	S.-O. faib.	Brouillard et pluie.
7	755,15	+ 5,0	+ 3,2	N.-O. fort.	Pluie fine. Nuag. ensuit.
8	757,10	+ 5,0	+ 2,5	Id.	Très-nuageux.
9	754,95	+ 4,7	+ 0,5	Id.	Pluie par intervalles.
10	761,82	+ 2,3	+ 3,0	N.-E. faib.	Brouillard, puis C. couv.
11	766,23	+ 4,8	+ 0,4	N.-O. fort.	Brouill., puis ciel beau
12	769,74	+ 5,0	+ 4,2	O. faible.	Brouill., puis ciel couv.
13	766,98	+ 5,4	+ 4,6	N.-O. faib.	Brumeux et brouillard.
14	767,48	+ 4,2	+ 3,2	Calme.	Brouill., brume, puis pl.
15	755,70	+ 3,4	+ 1,8	N.-O faib.	Très-pluvieux.
16	759,16	+ 0,2	+ 2,0	N. faible.	Lég. brouill., puis couv.
17	754,77	— 0,2	+ 2,0	O.-S.-O.	Très-nuag., neige le soir.
18	744,04	— 0,2	+ 2,0	N.-O. fort.	Neige jusqu'au soir.
19	748,27	— 0,8	— 3,4	N.	Lég. brouill., puis couv.
20	750,44	— 5,0	— 7,2	N. faible.	Brouillard.
21	758,46	— 5,5	— 9,8	N.-O. faib.	Brouillard, puis beau.
22	739,26	— 6,5	— 5,2	S. fort.	Neige abond. et brouill.
23	741,67	— 6,6	— 9,4	N.	Br., puis neige peu ab.
24	746,68	— 5,0	— 8,0	Calme.	Brouill., puis ciel nuag.
25	748,18	— 3,4	— 6,6	S.-O.	Br. épais, surtout le soir.
26	743,77	+ 1,0	— 4,4	E.-S.-E.	Br., neige à midi, pl. le s.
27	747,28	+ 3,8	+ 0,8	S.	Assez beau.
28	751,19	+ 3,2	+ 1,4	S.	Beau.
29	746,82	+ 6,4	+ 2,7	S.-E.	Très-nuag., brouill. le s.
30	748,14	+ 4,6	+ 2,2	E.-S.-E.	Brouill., puis nuageux
31	749,14	+ 4,6	+ 2,4	S.-E.	Br. épais, brume, pl. le s.

Eau tombée, 20mm,60.

APPLICATION INTERPRÉTATIVE

DES PHÉNOMÈNES ATMOSPHÉRIQUES DE L'ANNÉE 1808

A LA PRÉVISION DU TEMPS POUR L'ANNÉE 1865.

On ne doit pas perdre de vue que le niveau de la colonne mercurielle baisse d'autant plus qu'on observe à des stations plus élevées et réciproquement, et que les indications thermométriques varient, dans le même instant de l'observation, selon les expositions. Il ne faut donc pas s'attendre que les chiffres alignés indiquant les degrés du baromètre et du thermomètre se reproduisent identiquement en 1865 comme en 1808, pour toutes les stations autres que celle de l'Observatoire de l'aris. Ce sont des rapports de hausse et de baisse qu'il faut y voir, et non des nombres invariables ; et ces rapports se maintiendront proportionnellement dans chaque localité.

La direction du vent se modifie selon les stations. Par exemple: que le vent qui vient par Nord-Ouest pour telle localité aille se heurter et se réfléchir sur une chaîne de collines ou de montagnes du voisinage, et il pourra arriver par Nord-Est à telle localité voisine, mais située au-dessous de la première.

La comparaison des années analogues et correspondantes de la période lunaire de 19 ans, n'offrira des coïncidences exactes, sous le rapport des degrés du baromètre, du thermomètre et de la direction des vents, que dans les localités où l'on aura tenu un registre exact des observations météorologiques de chaque jour. C'est dès ce moment que la météorologie sera en état de rendre de grands services immédiats à l'agriculture, à la marine et au commerce, par la seule inspection des observations passées.

Voilà pourquoi nous insistons tant pour que l'instituteur soit revêtu de la mission d'observateur, et que la commune mette à sa disposition un observatoire météorologique au grand complet; il aura pour aides tous ses élèves et pour correspondants tous ses concitoyens.

TRAITÉ SUCCINCT

DE

MÉTÉOROLOGIE PRATIQUE

OU

L'ART DE PRÉVOIR LE TEMPS

AVEC UNE CERTAINE PROBABILITÉ (*).

Principes fondamentaux.

1° Les lois de notre univers sont les mêmes pour les atomes que pour les corps célestes ; la cause du mouvement est une pour tous les cas, qu'ils soient ou non accessibles à notre vue.

2° Cette cause, unique dans son essence, et si multiple dans ses effets apparents, n'est autre que le calorique ou éther qui imprègne les mondes et forme une atmosphère spéciale autour de chacun d'eux.

3° L'éther-calorique tend à l'équilibre comme les fluides accessibles à notre vue ou à nos balances ;

(*) Pour la démonstration des diverses énonciations de ce petit Traité, nous renvoyons les lecteurs au *Cours de météorologie* développé, depuis 1853 jusqu'en 1860, dans notre *Revue complémentaire des sciences appliquées*, etc., 6 vol. in-8.

c'est-à-dire, il tend à se répartir également autour des corps, à leur former à tous une atmosphère égale.

4° Les corps sont en mouvement, les moins riches en calorique autour des plus riches, jusqu'à ce que l'égalité ait été établie entre eux et que les atmosphères sphériques aient acquis le même diamètre.

.5° L'éther, c'est le calorique en repos ; le calorique, c'est l'éther en mouvement, jusqu'à ce que l'échange progressif ait amené l'égalité des atomes ; et l'égalité, c'est le repos.

6° Un corps ne peut augmenter son atmosphère de calorique qu'en circulant spiralement autour du corps qu'il dépouille ; il décrit une orbite autour de lui, jusqu'à ce que l'échange par égale part soit parachevé, ce qui fait un nouveau corps, une nouvelle unité, de deux unités d'abord inégales.

7° Le corps qui s'enrichit de calorique-éther s'échauffe aux dépens du corps qu'il dépouille et qui partant se refroidit.

8° En un mot, le mécanisme de notre univers se reproduit en petit dans un verre d'eau, où les atomes se meuvent les uns autour des autres et par la même cause que les planètes autour de notre soleil, ou que notre soleil autour d'un autre soleil dont il n'est qu'une simple planète, et ainsi de suite jusqu'à cet infini dont l'horizon recule à mesure que notre imagination entreprend de le sonder.

9° Imaginez-vous deux pelotons contigus de fil, dont l'un s'enroule avec le fil d'un autre plus volumineux que lui, vous aurez une image grossière de la manière dont se fait l'échange de calorique entre le plus et le moins des atmosphères atomiques.

.10° Notre terre, ainsi que les planètes, tourne donc

autour du soleil, parce qu'à chacun des instants de
l'horloge de l'éternité, elle enrichit son atmosphère
éthérée d'une quantité de calorique soustraite à l'atmosphère immense de notre soleil; l'atome-terre s'ap-
proche d'autant de l'atome-soleil en décrivant une orbite autour de l'écliptique solaire. La vie de plusieurs
siècles ne rendrait pas accessible à notre faible vue la
mesure de la quantité d'éther dont son atmosphère se
serait enrichie pendant ce laps de temps, et du degré
dont elle se serait rapprochée de cet astre.

11° La lune, notre satellite, qui fait partie du système de la terre, sur la limite atmosphérique de laquelle elle est placée, tourne avec elle autour du soleil,
augmentant son atmosphère éthérée avec elle aux dépens de notre grand luminaire, ce qui lui imprime
comme une double impulsion et l'empêche de tourner
sur elle-même.

12° Il ne faut pas confondre le mot atmosphère
éthérée avec celui d'atmosphère proprement dite, ou
atmosphère aérienne chargée de la vapeur d'eau et des
gaz les plus pesants; celle-ci occupe les régions les
plus basses de l'atmosphère éthérée. Les atomes de
l'air ne sont nulle part stationnaires, mais bien dans
un incessant mouvement d'échange, qui, grossissant
de proche en proche leur atmosphère et augmentant
leur légèreté, les élève de plus en plus vers les couches supérieures de l'atmosphère, et cela jusqu'aux
limites de l'atmosphère éthérée de la lune.

13° Il suit de là que le gaz hydrogène, qui se dégage
des eaux et des substances organisées, doit abonder à
mesure qu'on s'élève par la pensée dans les régions
supérieures de notre atmosphère, tandis que l'oxygène
et l'azote abondent à mesure que les couches d'air se

rapprochent de la terre. Mais il s'ensuit aussi que nulle
couche d'air ne possède la même constitution que
celles qui lui sont immédiatement inférieure et supérieure; la légèreté des atomes atmosphériques marche
par une progression géométrique dont le premier
terme touche la terre et le dernier la limite atmosphéro-
éthérée de la lune.

14° Chaque goutte de vapeur d'eau qui se dégage
de nos mers et de nos rivières, de nos cours ou amas
d'eau, est une bulle d'hydrogène enveloppée d'atomes
d'eau d'une moindre atmosphère éthérée. C'est un
ballon, pour ainsi dire, qui par sa légèreté entraîne son
lest vésiculaire dans les régions supérieures, lest composé d'eau et de tous les gaz et corps volatils que
l'eau rencontre à travers les couches de l'air.

Applications.

N. B. De ces principes ou axiomes nous allons déduire les conséquences météorologiques.

Brouillards.

15° Le brouillard ne se compose que de pareils petits ballons ou vésicules d'hydrogène enveloppées
d'une écorce d'eau plus ou moins mélangée d'autres
corps. L'hydrogène, étant le plus léger de tous les gaz,
tend à monter au-dessus des couches aériennes satu-
rées d'oxygène et d'azote; si ces vésicules séjournent
à la surface de la terre, c'est que l'eau est imprégnée
de substances pesantes, acide carbonique, carbone et
autres substances miasmatiques qui en augmentent
le poids. Dans ce cas le brouillard est fétide, froid et
rase la terre. Dès qu'il monte dans les airs, il prend le

nom de *nuage*. La vapeur que dégage la locomotive
met cette idée à la portée de tous les observateurs; on
la voit raser la terre sous forme de brouillard, s'élever
dans les airs sous forme de nuage qui change de couleur selon que ses tourbillons réfractent ou réfléchis-
sent les rayons lumineux; tour à tour blancs de neige,
ardoisés, bleus ou colorés en rose. Le brouillard s'é-
lève alors que le baromètre monte; il reste à la surface de la terre quand le baromètre reste stationnaire;
la hausse agit en ce cas comme une pompe aspirante.

Nuages.

16° Tant que les vapeurs d'eau occupent les régions
les plus basses de l'atmosphère, elles y flottent et se
déroulent en tourbillons comme de la fumée; elles
forment un nuage de vapeurs, un *nuage enfumé*. Mais
arrivées à une région plus élevée et plus froide, leurs
atomes se rapprochent, leurs particules aqueuses s'at-
tirent en cristallisant; le gaz hydrogène se condense
entre leurs interstices et semble s'y solidifier. Ces vapeurs si fugitives, et si faciles à se séparer, forment
corps entre elles; c'est alors un *nuage de neige*, un
flocon de neige gigantesque qui s'accroît de plus en
plus, et peut, si petit qu'il nous paraisse, occuper une
étendue de plusieurs lieues; immense radeau de neige
qui navigue dans les plaines de l'air à quelques lieues
au-dessus de nos têtes.

17° A mesure que ce nuage de neige monte et tra-
verse des régions de plus en plus froides, il continue
son œuvre de condensation; ses molécules se rapprochent même par la fusion, et la neige se transforme
en glace; l'immense flocon de neige devient alors un

immense glaçon, un radeau de glace, qui peut acquérir la transparence du verre, et nous laisser voir, à travers son épaisseur, le soleil, la lune et même les étoiles,
ou en déformer et en multiplier les images par la ré-
fraction, en dévier les rayons par la réflexion, en
raison de ses accidents de surface, comme le fait un
bloc de verre taillé en facettes planes, concaves ou
convexes ; et produire enfin tous les phénomènes con-
nus sous le nom de *halos, parhélies, parasélènes* et
aurores boréales.

18° Vous allez me demander, dans votre surprise,
comment de pareils blocs de neige et de glace peuvent
rester suspendus sur nos têtes et ne pas fondre sur
nous pour écraser sous leur poids tout ce qui nous en-
toure. C'est là l'impression que le simple énoncé de
cette proposition produit au premier abord sur l'esprit des hommes même qui ont contracté l'habitude
d'approfondir les merveilles de la nature; mais cette
impression se dissipe bientôt devant les explications
que nous allons donner de ce phénomène.

19° La glace, on ne saurait le nier, est plus pesante
que l'eau ; et cependant un bloc de glace surnage, et
l'eau le charrie comme du bois à sa surface, si vaste
que soit ce radeau. Qui soutient ce glaçon, si ce n'est
la quantité d'air que le glaçon condense dans sa sub-
stance, quantité d'air supérieure à celle dont l'eau est
imprégnée. Car l'eau qui se dépouille par l'ébullition
de la quantité d'air qu'elle tenait en dissolution, reprend cet air en se refroidissant ; et plus elle se refroidit, plus elle condense d'air dans ses molécules; la progression continue indéfiniment par le refroidissement,
ce qui fait qu'à $+ 4°$ centigr. elle renferme plus d'air
qu'à $+ 10°$, et que partant à $0°$ elle condense plus

d'air qu'à + 4°, et ainsi de suite. Donc, plus la glace est compacte et exposée à un plus grand refroidissement, plus elle est imprégnée d'air de l'atmosphère où elle se condense. Cet air la soutient à la surface de l'eau, comme un gaz léger soutient le plus immense et le plus lourd ballon à la surface d'un air plus dense.

20° Or, dans quelle région les vapeurs hydrogénées d'eau se condensent-elles en blocs de neige ou de glace? N'est-ce pas dans les régions où montent les gaz plus légers que l'air que nous respirons dans les basses régions de l'atmosphère? C'est donc de ce gaz si léger que le radeau de neige ou de glace s'imprègne dans les hautes régions de l'atmosphère, remplaçant par ce gaz l'air atmosphérique qu'il pourrait recéler, et qui, à cause de sa pesanteur spécifique, retombe dans les régions inférieures. Le radeau se soutient ainsi d'autant plus facilement dans les airs qu'il monte dans des régions plus élevées de l'atmosphère; car plus il s'élève, plus il jette de son lest et renouvelle le gaz hydrogène qui contribue à sa légèreté, en se condensant par le refroidissement entre ses molécules. Donc, ces immenses radeaux, dont l'idée seule étonne notre imagination, ne sauraient tomber comme une pierre sur nos têtes; ils voguent dans les airs, comme un glaçon ordinaire à la surface de l'eau, à cause de leur légèreté spécifique plus grande que celle du milieu qui les supporte.

21° Si vous voulez vous convaincre que la glace contient plus d'air que l'eau, placez un glaçon dans une cloche renversée et pleine d'eau à la température ordinaire, et vous verrez les bulles d'air du glaçon se dégager par des stries canaliculées dans la même direction, et venir s'accumuler en une couche distincte au sommet de la cloche. L'ébullition produirait le même effet pour l'eau, et en dégagerait en bulles toute la quantité d'air dont elle serait saturée.

22° Ne confondez pas la formation de la neige qui tombe en flocons avec la formation de ces grands nuages de neige. Le flocon de neige, c'est la gouttelette de pluie qui gèle en traversant une couche d'air glacial; cette neige se forme en descendant d'une région chaude dans une région froide. Le nuage de neige au contraire se forme en montant d'une région chaude dans une région froide.

Mais un nuage de vapeurs, de neige ou de glace, ne saurait rester stationnaire dans un milieu aussi mouvant que l'air; il faut qu'il monte, s'il augmente le volume de gaz qui fait sa légèreté; qu'il descende, s'il s'en dépouille. Mais il ne peut prendre ni l'une ni l'autre de ces deux directions par la verticale, à cause de la résistance du milieu; il ne peut se déplacer qu'en refoulant l'air qui s'oppose à son ascension ou à sa chute; dans l'un et dans l'autre cas, il suit la résultante et la diagonale; il ne monte pas, il gravit; il ne tombe pas, il suit une pente.

Il monte en refoulant l'air vers le haut; il descend en refoulant l'air vers la terre, et dans une direction contraire à celle de son inclinaison. L'air refoulé, c'est le vent, c'est le zéphyr ou la tempête, selon la rapidité de la chute ou de la descente du nuage; ce qui fait que le nuage peut marcher par sud, en même temps que le vent souffle par nord. Quand le nuage monte, ce qu'on reconnaît à ce qu'il diminue de diamètre, il y a calme en dessous; quand il redescend et refoule l'air vers le bas, le vent se déchaîne; ce vent tombe dès que le nuage a dépassé notre zénith. Car c'est un fait d'obser-

vation que l'arrivée de chaque nouveau nuage qui nous
paraît grossir, et qui par conséquent se rapproche de
la terre, est précédé d'un coup de vent.

Pluie.

23° Mais un nuage de *neige* ou de *glace* ne peut re-
descendre dans les régions les plus basses de notre
atmosphère, qu'en fondant couche par couche et de
proche en proche ; d'un autre côté, nous avons dit que
la glace ne fond qu'en se dépouillant de la quantité
d'air qui faisait sa légèreté (19°); elle reprend l'aspect
et la densité de l'eau, qui tombe dès lors en se tami-
sant à travers le filtre de l'air, en gouttelettes de pluie.

Placez sur un tamis de soie ou de crin une couche
de neige ou une lame de glace par une température
chaude, et vous aurez en petit devant les yeux tous les
phénomènes de la pluie en dessous du tamis.

24° La neige échauffée par la température de l'air,
et plus encore par les rayons du soleil, se condensera
en fondant : une partie filtrera en gouttelettes de pluie ;
l'autre cimentera pour ainsi dire ses flocons en se con-
gelant, et formera un bloc de glace à la place de l'amas
de flocons de neige, pour fondre à son tour par l'action incessante des rayons solaires. La pluie ne ces-
sera qu'après l'épuisement complet de l'amas de neige
ou du glaçon.

Il ne peut donc pleuvoir que lorsque les nuages
descendent d'une région froide dans une région
chaude de l'atmosphère. Sans doute un nuage de glace
voguant dans les régions les plus froides de l'air, peut
éprouver une fusion sous le dard des rayons solaires ;
mais les gouttes d'eau qui s'en échappent, ne tarde-

ront pas, en tombant, de se congeler de nouveau à l'ombre des glaçons fondants, et de redevenir flocons de neige ou glaçons imprégnés du même gaz hydrogène ; ce qui les soutiendra à cette hauteur à l'état de noyaux de nuages.

Vents impétueux et tempêtes.

25° Plus la descente du nuage fondant sera rapide, c'est-à-dire plus le nuage, fondant et condensé ou dépouillé du gaz léger qui le soutenait au plus haut des airs, sera pesant (plus pesant par le déplacement de son centre de gravité que l'espace d'air qu'il occupe) et plus violemment l'air qu'il chasse devant lui sera refoulé ; ce qui produira en certaines circonstances un vent capable de renverser des édifices, de faucher des forêts et de bouleverser des villes. Une simple avalanche des montagnes ne suffit-elle pas pour lancer tout un village à des distances phénoménales, avant d'être arrivée sur les lieux et comme en soufflant dessus? La tempête ou typhon et le zéphyr sont le plus et le moins d'effet de la même cause.

Vents alizés ou moussons. Vents de terre.

26° Ces sortes de vents sont des déplacements d'air occasionnés par la marche du soleil vers l'un ou l'autre hémisphère ; car le soleil ne saurait échauffer la couche d'air d'une région sans la dilater, et partant sans repousser la couche d'air qui précède la première.

Trombes d'eau.

27° Nous pouvons dès à présent nous figurer, sans recourir au merveilleux, un nuage de neige ou de glace ayant une surface de plusieurs lieues, accidentée de collines et de vallées du côté du ciel, tout autant que de voûtes et de mamelons du côté de la terre. De ces collines couleront dans ces vallées les produits liquéfiés par le dard de la lumière solaire, comme cela arrive sur les glaciers des Alpes. Il pourra se former ainsi des lacs d'une certaine étendue au-dessus de ce vaste plancher, de ce vaste radeau suspendu dans les airs, qui se rapproche de la terre par la diagonale et tend à fondre de plus en plus. Or rien n'use la glace comme l'eau ; il pourra arriver un moment où le fond de ce lac aérien, foré par l'action de l'eau, crèvera tout à coup, où, par cette ouverture, l'amas d'eau s'échappera, comme d'une cataracte, sur les terres sous-jacentes, et y produira un cataclysme proportionnel à sa masse, bouleversant de fond en comble des villages et des cantons entiers, comme un simple seau d'eau bouleverse une motte de terre et nivelle le sol tout autour ; c'est là l'explication d'une trombe d'eau émanant des nuages. Il est une autre trombe qui est la résultante du courant de deux vents d'une direction contraire ; celle-ci fait monter l'eau de la mer en forme d'entonnoir, comme deux courants d'eau opposés creusent la surface du fleuve en un entonnoir qui tourne et entraîne au fond tout ce qui est à la surface et à la surface tout ce qu'il rencontre au fond. Cette trombe d'eau, fréquente sur les mers, est dans le cas de broyer des navires, comme le serpent boa broierait un agneau en l'enserrant dans les plis de ses spirales.

Trombes de terre.

28? Le vent contre le vent détermine une trombe

6

de vent, un entonnoir tournant comme une toupie dans l'air, de même que l'eau contre l'eau détermine un entonnoir d'eau creusant la masse d'eau de la surface jusqu'au fond du lit du fleuve. Deux nuages, refoulant l'air en sens contraire l'un de l'autre, déterminent ces trombes d'air ou trombes de terre : Comprimez l'air violemment avec deux palettes inclinées et rapprochées par leur sommet, et vous déterminerez, sur la poussière du sol, un tourbillon, une trombe de sable ou de paille, différant des deux premières seulement par les proportions.

Orages, éclairs et tonnerre.

29° Nous avons dit que le nuage de neige et de glace est imprégné d'hydrogène condensé; gaz qui le soutient d'autant plus haut dans l'atmosphère que sa formation s'est faite plus haut et dans une région où le gaz soit plus raréfié, c'est-à-dire où les atomes du gaz soient enveloppés d'une plus grande couche d'éther-calorique. Ce nuage tend à descendre, en prenant, par la fusion commençante, une plus grande densité; il arrive dans la région où commence à s'accumuler l'oxygène. Or chacun sait qu'une simple bluette fait détoner un mélange d'hydrogène et d'oxygène. Ici ce mélange se fait, comme dans une éprouvette, dans le sein de ce glaçon transparent et réfringent.

Qu'un rayon de soleil, réfracté par les accidents lenticulaires de la surface de ce glaçon, de cette vaste éprouvette, se concentre sur un des foyers de ce mélange, et il n'en faudra pas davantage pour que tout un immense traîneau de glace de plusieurs lieues vole en éclats avec une explosion capable de faire trembler

la terre et avec une flamme dont le dard pourra faire
fondre des lingots d'or, réduire en cendres les plus
grands arbres, renverser de fond en comble les tours
les plus antiques, et cela dans le moindre clin d'œil :
Ce dard de la flamme, c'est l'éclair qui frappe ; l'explosion, c'est le tonnerre qui suit l'éclair.

Je déduis des conséquences ; soyez conséquent
en me lisant ; et, avec la meilleure envie de railler,
vous resterez convaincus que je ne vise en tout ceci
nullement au merveilleux, mais à expliquer tout naturellement les phénomènes atmosphériques : La nature
ne change pas de lois, en changeant de proportions.

Le bruit de l'explosion suivra d'autant plus près
l'éclair que le nuage sera plus près des témoins de l'orage ; et l'orage suivra la direction vers laquelle l'air,
que le nuage refoule et qui le charrie pour ainsi dire,
éprouvera le moins d'obstacle de la part des accidents
du terrain. En général, l'orage suit le cours des fleuves de préférence aux voies de terre ; et, après le cours
des fleuves, de préférence les longs rubans des chemins
de fer.

Grêle, grêlons, grésil ; grésillons.

30° Une telle explosion doit réduire en poudre le
nuage de glace, comme l'explosion d'un mélange
d'hydrogène et d'oxygène réduit en poudre le plus
épais flacon de cristal. Si le nuage est proche de la
terre, il pleuvra des fragments solides de ce vaste radeau, fragments qui s'usent en s'entre-choquant, de manière à modifier leurs formes extérieures, à roder leurs
angles et, comme forces égales, à prendre les mêmes
dimensions. En général, il pleut alors de la *grêle*, en *grê-*

lons plus ou moins considérables selon les chances de l'explosion. Ces grêlons varient de poids, depuis un gramme jusqu'à plusieurs kilogrammes dans nos contrées ; l'histoire en mentionne des blocs du volume d'un à deux mètres de long sur plusieurs centimètres d'épaisseur. Leur forme varie à l'infini selon qu'ils s'entre-choquent, qu'ils s'isolent, qu'ils fondent en tombant ; il en tombe de ces blocs qui gardent les dimensions et l'aspect anguleux des fragments de glace que charrient nos fleuves après la débâcle.

31° Il ne faut pas confondre les *grésillons* avec les *grêlons* : les *grêlons* sont des fragments d'un nuage qui a fait explosion ; les *grésillons* sont des gouttelettes d'eau qui se sont condensées en passant d'une région échauffée par le soleil dans une région refroidie par le passage et sous l'ombre d'un nuage. Le *grésillon*, toujours de forme arrondie, sphérique ou ovoïde, a tout le cotonneux du flocon de neige (16°) avec un peu plus de compacité : par le temps de giboulées, il pleut des grésillons ; ce n'est pas de la neige, c'est du grésil.

Gouttes de pluie d'orage.

32° Les fragments du nuage de glace, qui a fait explosion dans le plus haut des airs, ne peuvent traverser l'air sans s'échauffer et sans subir un commencement de fusion sur toutes leurs surfaces. En général, ils arrivent en complète fusion et tout à fait liquides à terre ; en gouttelettes de pluie plus ou moins larges, mais toujours plus larges que par les pluies ordinaires, par les pluies provenant de la fusion lente et filtrée des nuages. Les gouttes sont d'autant plus larges que l'explosion du nuage de glace a eu lieu plus près de nous.

Nomenclature des nuages.

33° Avant d'aborder l'application de ces principes à la prévision du temps, il n'est pas inutile de convenir d'une nomenclature pour pouvoir désigner l'aspect du ciel par celui des nuages.

Nous nommons :

Ciel magnifique, le ciel sans aucun nuage, vapeur ou brouillard.

Ciel assez nuageux, ou *assez beau,* quand les nuages recouvrent environ la moitié de l'espace.

Ciel nuageux, ou *beau* quand l'espace qu'ils recouvrent équivaut au quart de la calotte apparente du ciel; et *très-beau,* si les nuages sont rares.

Ciel très-nuageux, quand la surface qu'ils recouvrent équivaut aux trois quarts de la calotte apparente du ciel.

Ciel couvert, quand la couche de nuages accidentés cache entièrement la calotte du ciel.

Ciel tamisé, quand la couche de nuages qui recouvrent le ciel est tout unie et comme nivelée ou passée au tamis.

Ciel enfumé, quand au-dessous de la couche tamisée courent des nuages ardoisés qui se déroulent comme une fumée ; ces flocons ne sont autres que des nuages de pluie que l'air comprimé par les nuages supérieurs lance par-dessus nos têtes et à de grandes distances vers la terre.

Ciel sombre et *ardoisé,* quand la couche de nuages qui recouvrent le ciel laisse passer fort peu de lumière.

6.

Ciel givreux, ciel des temps froids, qui tamise assez de lumière et ressemble à un verre dépoli.

Ciel voilé, ciel que recouvre comme une vapeur qui tamise la lumière, et où le blanc vaporeux remplace le bleu du ciel.

Ciel brouillardé, quand un brouillard raréfié permet de distinguer l'horizon et même le zénith.

Ciel pluvieux, quand il menace de la pluie.

Ciel gibouleux, quand, d'instant en instant, il passe au zénith des nuages qui déchargent des giboulées.

Ciel cerné, quand l'horizon est bordé et ceint de nuages ordinaires sans trop d'accidents de surfaces.

Ciel alpestre, quand les nuages qui cernent l'horizon présentent l'aspect d'immenses montagnes de neige, avec leurs créneaux, leurs pitons, leurs contre-forts et leurs cimes qui se déforment et s'inclinent d'instant en instant en fondant sous l'action des rayons solaires.

Ciel moutonné, lorsque les nuages s'avancent sous la voûte du ciel, isolés, mais rapprochés, égaux de forme et d'aspect, arrondis ou ovoïdes, enfin, par une image grossière, analogues à un troupeau de moutons aperçus à vol d'oiseau.

Ciel treillagé, quand le radeau de nuages, par suite d'un mode de fusion partielle, aminci et comme découpé, forme un treillage de barres s'enlaçant régulièrement et sous un même angle variable chaque fois.

Ciel guilloché, ou ciel des grands froids, couvert de nuages recroquevillés en arabesques, et comme de ces arborisations qui recouvrent nos vitres.

Ciel digité, lorsque d'un point de l'horizon émergent en divergeant des filets longs et empennés de nuages, en forme d'un éventail ; on dit alors *digité* par le point de la rose des vents sur lequel ces filets nuageux s'implantent : digité par N. ou S. ou N.-O., etc.

Ciel panaché, quand les nuages affectent la forme de longs panaches blancs.

Ciel aranéeux, quand le ciel est comme tendu d'une apparence de toile d'araignée, par un réseau de longs jets nuageux.

Ciel charriant, quand les nuages, en compartiments plus ou moins angulaires, voyagent comme de conserve et en gardant entre eux les mêmes distances.

Ciel erratique, quand des nuages éblouissants de blancheur, sur leurs bords spécialement, voguent sous un ciel bleu sans aucune direction arrêtée, s'éloignent, se rapprochent et se confondent souvent, deux à deux ou trois à trois, pour former un nouveau nuage.

Ciel flottant, quand sous un ciel bleu un immense nuage, plus ou moins treillagé, vogue comme un de ces radeaux de bois flotté qui se laisse aller au courant du fleuve.

N. B. Un nuage de pluie déforme son profil au gré du vent et comme le fait un tourbillon de fumée ; il est sombre ou ardoisé.

Un nuage de neige, est éblouissant de blancheur par la réflexion des rayons solaires, quand nous le voyons de face ; ardoisé, quand nous le voyons pardessous. Il ne se déforme, il n'altère ses contours qu'en fondant aux rayons solaires ; on voit alors ses pitons se rapprocher mollement des vallées ou des collines, et les flancs se creuser de vallées.

Un nuage de glace a ses bords anguleux et nettement tranchés ; il garde longtemps son profil ; il est souvent si transparent, qu'on voit les astres et le bleu du ciel, çà et là, à travers son épaisseur.

« Le ciel flamboyant, est le ciel magnifique, grandiosement coloré avant le lever où après le coucher du soleil.

Le ciel coloré, assez coloré, très-coloré, est le ciel nuageux dont les nuages sont colorés d'un côté en aurore, en pourpre, jaune d'or ou en différentes nuances de ces trois couleurs, et de l'autre côté en bleu plus ou moins intense.

Cette nomenclature peut suffire pour désigner l'aspect général du ciel, sauf, dans les observations journalières, à tenir compte des particularités exceptionnelles.

Arc-en-ciel.

34° L'arc-en-ciel ou iris, cette messagère du calme après la tempête, d'après la mythologie, est plutôt l'effet et la conséquence que la cause du calme. L'arc-en-ciel n'apparaît que lorsque le nuage pluvieux s'éloigne de notre zénith et qu'il continue à pleuvoir par calme en s'éloignant de nous. Il ne se peint que sur un rideau perpendiculaire de pluie, et il s'éloigne de nous avec ce rideau qui sert, pour ainsi dire, de toile au pinceau des rayons solaires. Les extrémités de l'arc, qui reposent sur la terre, ne sont souvent qu'à une distance de quelques dizaines de mètres du lieu de l'observation. Mais, pour que l'arc-en-ciel se peigne ainsi sur ce tableau perpendiculaire qui s'éloigne, il faut qu'un nuage de glace s'interpose entre ce tableau et le soleil, et que les bords de ce nuage dévient par diffraction les rayons lumineux au moyen d'une courbe en quelque sorte lenticulaire. Ce sont les rayons qui glissent contre les bords de ce glaçon qui viennent se peindre sur la toile de pluie, sous différents angles qui les font diversement diverger vers notre œil : les plus divergents nous donnant la sensation de la couleur rouge, les suivants celle de la couleur bleue, les suivants celle de la couleur jaune; trois couleurs les plus apparentes et qui, en se mêlant à leur point de contact, fournissent des nuances appréciables. Pratiquez au volet d'une chambre obscure un croissant à travers lequel puissent passer les rayons solaires, et vous recueillerez, sur un écran parallèle au volet, l'image d'un *arc-en-ciel* céleste.

Mais que le moindre souffle vienne déranger la perpendicularité du rideau de pluie, y former un nuage; et l'arc-en-ciel éprouvera à cette place un solution de continuité, comme cela se passerait sur un écran de la chambre obscure à l'endroit où l'on déchirerait et l'on bossèlerait la toile.

Aurore boréale.

35° L'aurore boréale n'est due qu'à la réflexion des rayons solaires par les facettes d'un nuage de glace situé sous l'horizon; elle n'est visible que la nuit et ne présente jamais les mêmes phénomènes variant en raison des accidents météorologiques qui modifient les facettes du glaçon que rencontrent les rayons solaires. De là vient que ce phénomène ne se montre que vers la partie polaire de l'horizon, et que ce phénomène nocturne est d'autant plus fréquent d'autant plus beau à voir et d'autant plus près du point nord de l'horizon qu'on habite plus près du cercle polaire de l'un ou de l'autre hémisphère. Il ne faut pas aller plus loin que la Belgique, pour avoir plus d'occasions qu'à Paris d'observer des aurores boréales.

Dans une chambre obscure, vous reproduirez ce phénomène, en faisant parvenir les rayons lumineux sur un système de corps réfléchissants placés au-dessous d'un écran qui les cache à la vue ; vous pourrez varier la physionomie de ces petites aurores boréales, de manière à y retrouver la reproduction de toutes celles que vous aurez pu observer de vos propres yeux.

N. B. Nous venons de décrire les divers phénomènes qui sont plus spécialement l'objet de la météorologie, nous devons maintenant étudier les lois qui président à leur retour.

Atmosphères éthérées des astres.

36° Nous avons déjà dit que tout atome visible ou invisible, simple ou composé, ne se met en mouvement qu'en augmentant son atmosphère éthérée aux dépens de l'atmosphère plus volumineuse d'un autre atome. Cette incessante soustraction fait décrire au moindre des deux atomes une spirale écliptique autour de l'atmosphère d'un diamètre supérieur, mouvement qui continue jusqu'à ce que les deux atmosphères soient devenues égales, marchent de conserve et forment une nouvelle unité, qui se mouvra autour d'une atmosphère plus riche, attirant à son tour et mettant en mouvement autour de son écliptique les atomes moins riches qu'elle en atmosphère de calorique-éther.

La terre ne retient la lune et ne tourne autour du soleil qu'à la faveur d'un tel mécanisme par échange.

Ne confondez pas l'atmosphère aérienne des physiciens, atmosphère dont ils placent la limite à environ seize lieues de la surface de la terre, avec ce que nous entendons par atmosphère éthérée de la terre : L'atmosphère des physiciens n'est que la région la plus basse de l'atmosphère éthérée, celle où s'élèvent, par rang de pesanteur spécifique, les gaz et émanations qui s'exhalent de la terre ; les gaz les plus pesants occupent les couches les plus basses, et ils s'élèvent de plus en plus haut, à mesure que leurs atomes deviennent plus légers en augmentant le diamètre de leur atmosphère de calorique. Car rien dans ce monde ne reste stationnaire ; tout se meut pour se modifier ; tout passe pour tendre indéfiniment vers un état supérieur au premier.

Notre terre tourne donc autour d'une des zones de cette atmosphère éthérée du soleil, que nous nommons la solatmosphère et que la terratmosphère oscule pour s'accroître aux dépens de l'atmosphère du soleil. Qui sait si l'image du soleil n'est pas autre que le point de la solatmosphère où se fait à chaque instant cet échange de calorique, ce dégagement de calorique au moyen de ce que nous pourrions comparer au frottement de deux globes tournant l'un autour de l'autre? Idée imprévue qu'on n'émet qu'avec la plus respectueuse réserve, et comme en demandant pardon à la sublimité de la nature d'une telle témérité.

37° Quoi qu'il en soit de ce rapport de communication et d'échange, il est un autre rapport, celui de la compression, qui désormais semble avoir pris pied dans la science pour se substituer à la théorie de l'attraction, laquelle n'était fondée que sur une donnée absurde, vu qu'elle est inconciliable avec les lois de l'univers.

Une planatmosphère ne peut circuler autour d'une solatmosphère, sans qu'il se produise de part et d'autre une dépression aux points de contact et d'osculation. La pyramide ou cône d'éther, qui supporte, de chaque côté des deux atomes, cette corde, est plus courte que toutes les autres qui restent en dehors.

Cette corde osculatrice se déplace par la rotation et décrit le cercle de l'orbite.

38° Il suit de là que notre terratmosphère subit, en tournant autour du soleil, une compression de la part de la solatmosphère, de la part de la lunatmosphère qu'elle entraîne avec elle, enfin de la part même de toutes les planatmosphères, à quelque zone de la solatmosphère qu'elles parcourent le cercle de leur orbite : compressions accessoires dont la force diminue sans doute avec l'éloignement, mais dont un jour il ne faudra pas moins tenir compte dans les calculs relatifs à la prévision du temps.

Signes barométriques.

39° Le baromètre nous donne pour ainsi dire la mesure de cette compression, en nous indiquant les rapports de hauteur de la colonne atmosphérique qui fait contre-poids à la colonne mercurielle. Moins la colonne atmosphérique est élevée et plus la colonne barométrique abaisse son niveau ; plus la colonne atmosphérique s'allonge, en devenant libre et abandonnée à elle-même, et plus le niveau de la colonne barométrique s'élève. Nous allons voir pourquoi ces variations de niveau sont des signes du retour vers le beau ou le mauvais temps.

40° Nous avons établi que les nuages de neige ou

de glace se forment dans les couches les plus élevées et les plus froides de la terratmosphère. La colonne d'air qui les supporte ne peut se raccourcir par la compression des atmosphères contiguës, sans que ces nuages descendent dans les régions plus chaudes que celles qu'ils occupaient. Là ils tendent à fondre et, en fondant, à acquérir plus de densité et de pesanteur spécifique, circonstance qui activera de plus en plus leur abaissement. En comprimant les couches d'air comme un immense soufflet hydraulique, le nuage descendant déterminera le vent ou la tempête, en raison de la rapidité de sa descente, et l'orage, quand, en s'entre-choquant avec un autre nuage et comme en battant le briquet, il aura fait jaillir l'étincelle qui doit rencontrer le mélange explosif du gaz hydrogène que le nuage recèle avec le gaz oxygène de l'air ambiant; ou bien quand les rayons solaires, concentrés par un glaçon lenticulaire, atteindront à leur foyer un pareil mélange.

41° Les nuages accumulés sembleront au contraire disparaître et comme se dissoudre dans l'air, quand la colonne d'air qui les supporte, rendue à son antagonisme, montera comme pour se mettre au niveau des colonnes contiguës, ce qu'indiquera l'élévation de la colonne barométrique. L'agitation de l'atmosphère fera place au calme dès l'instant que ce mouvement d'ascension se manifestera ; car rien ne refoulera plus dès lors la couche d'air de haut en bas; alors les nuages qui couvraient l'horizon finiront en s'élevant par disparaître à notre vue.

Un nuage qui diminue de diamètre monte ; un nuage qui grossit à nos yeux, et augmente son diamètre, descend.

Il suit de là que le thermomètre doit baisser quand le baromètre monte et monter quand le baromètre descend.

Prévision des temps.

42° Or la série des compressions atmosphériques que subit notre terratmosphère est toute tracée par la marche apparente du soleil et par la succession des phases de la lune, deux causes de changements dans la hauteur de la colonne atmosphérique auxquelles on pourra un jour ajouter, pour servir dans la pratique, les influences de compression qui émanent des planètes.

43° Le refoulement de la surface de l'Océan atmosphérique ne saurait mieux être représenté que par le refoulement de l'Océan terrestre, ce dont on peut se faire une image exacte en agissant par compression sur un simple bassin rempli d'eau.

Marées atmosphériques d'un quart de jour, du fait de la compression solatmosphérique.

44° Suivons donc le cours apparent du soleil, sur son cercle diurne et sur son cercle annuel.

A son lever il est plus éloigné de notre station qu'à midi : Donc plus il s'avancera de six heures du matin vers le méridien et plus il refoulera notre atmosphère. Plus le soleil s'avancera vers le colure de six heures du soir, et plus la portion refoulée de l'atmosphère tendra à reprendre son niveau et à se remettre en équilibre au-dessus de nos têtes. Du fait de la marche diurne du soleil, le baromètre descendra de six

heures du matin à midi et remontera de midi à six
heures du soir.

Mais ce reflux n'arrivera à l'équilibre que vers minuit, et le flux de minuit à six heures du matin ; en
sorte que, sans l'intervention de la lune et par le fait
seul du soleil, notre océan atmosphérique aurait ses
marées de six heures en flux et de six heures en reflux, comme notre océan terrestre.

Marées atmosphériques d'un quart d'année du fait de la compression solatmosphérique.

45° Mais, par le fait de son cercle annuel, la compression solatmosphérique détermine des marées dont
la durée n'est plus de six en six heures, mais bien de
trois en trois mois.

Lorsque le soleil s'avance du tropique du Capricorne vers notre hémisphère, il refoule les couches
terratmosphériques vers le nord et abaisse d'autant
leur niveau de jour en jour, jusqu'à ce qu'il soit arrivé
à la ligne équinoxiale, où, par suite de l'élévation du
globe à l'équateur, la terratmosphère doit éprouver
de la part de la solatmosphère une compression plus
forte et un refoulement plus prononcé.

A partir de cette époque, et le refoulement augmentant vers le nord, la colonne barométrique atteint de
ce fait ses plus grandes hauteurs, jusqu'à ce que le soleil soit parvenu au tropique du Cancer, c'est-à-dire
au solstice d'été.

La vague qui avait monté jusqu'alors revient par
un reflux sur elle-même.

Elle revient par l'autre côté de la calotte hémisphé-
rique où le refoulement l'avait accumulée. La colonne

barométrique atteindra sa plus grande hauteur pour re-
tomber plus bas, quand le soleil aura atteint de nouveau la ligne équinoxiale. Le baromètre reprendra sa
marche ascendante, quand le soleil se dirigera de
cette ligne vers le tropique du Capricorne, c'est-à-dire
vers le solstice d'hiver, et ainsi de suite. Mais il y a
une autre circonstance astronomique qui tend à modifier cette indication : c'est que le soleil est plus près
de la terre, c'est-à-dire est vers son *périgée*, pendant
qu'il parcourt la moitié australe du zodiaque, et qu'il
est plus éloigné de la terre (apogée) pendant qu'il en
parcourt la moitié boréale. L'influence de la compression solatmosphérique sera donc plus forte pendant
les mois de l'automne et de l'hiver que pendant les
mois du printemps et de l'été.

46° Vous remarquerez que la colonne barométrique,
en général, se maintient à un niveau plus élevé en
été qu'en hiver : Aussi le solstice d'hiver est plus fécond en tempêtes que le solstice d'été, l'équinoxe
du printemps beaucoup plus que l'équinoxe d'automne, et le voisinage du solstice d'hiver plus fécond
en tempêtes que le voisinage des équinoxes.

Marées atmosphériques du fait de la compression lunatmosphérique.

47° Les influences que nous venons de signaler
pour les quatre points solaires, se répètent quatre fois
par mois du fait de la lune ; et ils accroissent ou amoin-
drissent l'intensité des influences solaires, selon que
la lune s'avance dans le sens ou à contre-sens de la
marche du soleil.

48° La lune partant du *lunestice austral* (L. A.) pour

se diriger vers le *lunestice boréal* (L. B.), c'est-à-dire du signe du Capricorne vers le signe du Cancer, refoule devant elle les vagues atmosphériques et par conséquent les vagues océaniques vers le nord ; aux premiers instants, et par suite de ce refoulement, la mer monte et le baromètre s'élève de plus en plus dans nos contrées ; ce que produit toute vague qui enfle parce qu'elle est refoulée.

Mais à la lame convexe succède la lame concave, et le baromètre ne tarde pas à baisser proportionnellement à ce dont il était monté ; le summum de cet abaissement se manifeste à l'*équilune* (Eq. L.), c'est-à-dire, quand la lune est arrivée à la ligne équinoxiale et à 0° de déclinaison.

La lune continuant de refouler la vague atmosphérique vers le nord, et la lame refoulée revenant par le pôle sud, remplit de plus en plus le sillage que la pression de cet astre avait laissé ouvert derrière lui, et finit par combler la dépression qu'il opère en refoulant l'air. Le baromètre remonte à mesure que la vague atmosphérique s'élève de nouveau, jusqu'à ce que la lune ait atteint son *lunestice boréal* (L. B.), pour revenir de ce point vers son *lunestice austral*. On pourrait appeler ces quatre époques les *quadratures mensuelles de la lune;* et les autres quadratures, provenant de ses rapports avec le soleil, les *quadratures solaires de la lune*. A ces deux ordres de *quadratures*, il faut ajouter les *quadratures diurnes :*

49° Car il se produit, de la part de la lune, les mêmes dépressions, pendant son mouvement diurne au-dessus et au-dessous de notre horizon, les mêmes compressions atmosphériques enfin, que de la part du mouvement diurne apparent du soleil ; mais ce genre d'influences est moins accusé pour la lune ainsi que pour le soleil.

50° Quant aux quadratures solaires de la lune, qu'indiquent ses divers aspects, ce sont des circonstances qui doivent augmenter, comme par addition, la puissance de dépression et de refoulement atmosphérique. En effet, lorsque la lune est en conjonction et interposée entre le soleil et la terre, évidemment la terratmosphère doit subir une double dépression bien plus grande que lorsque la lune est en opposition avec le soleil ; ce qui fait que les phénomènes météorologiques sont plus intenses et plus prononcés autour de la Nouvelle que de la Pleine Lune : Tel est l'effet du coin qui s'interpose entre deux résistances. Ce qui n'empêche pas qu'en opposition (Pleine Lune), la lune n'accroisse sa puissance de dépression par la puissance antagoniste du soleil. Ces effets diminuent graduellement à mesure que la lune avance d'une *syzygie* vers l'un de ses *quartiers ;* pour reproduire le mouvement de baisse à mesure que d'un de ses *quartiers* elle se dirige vers une de ses *syzygies.*

51° Les époques de *conjugaison*, c'est-à-dire alors que le soleil et la lune se rencontrent sur le même cercle de déclinaison et à la même distance l'un et l'autre de l'équateur, sont des circonstances qui impriment une plus grande intensité aux phénomènes de dépression atmosphérique qui viennent des autres influences du soleil et de la lune.

52° Enfin, ainsi que nous l'avons fait remarquer à l'égard du soleil, l'intensité des dépressions lunaires sera plus grande, toutes choses égales d'ailleurs, quand la lune sera à son *périgée* (45°), c'est-à-dire plus près de la terre, qu'à son *apogée* (45°), c'est-à-dire plus éloignée de la terre.

C'est en calculant toutes ces données, fournies par la théorie et confirmées par une observation diurne et nocturne de plus de quatorze ans, qu'on arrivera un jour à un équivalent d'exactitude, en fait de prévision du temps; exactitude qu'il nous paraît aujourd'hui impossible d'atteindre et qui est ridicule à énoncer même avec la réserve d'une simple probabilité.

En attendant, et en ne considérant que comme des données approximatives les résultats de nos observations de près de 15 ans qui nous ont amené à cette nouvelle théorie, nous allons formuler les règles qui, pour les usages locaux, peuvent permettre de *prévoir le temps*, à quelque distance que ce soit, d'une manière plus que probable; et avec une plus grande probabilité les variations de hauteur de la colonne barométrique, d'où découlent le beau et le mauvais temps.

Formules de la prévision du temps.

53° Le niveau de la colonne barométrique ne saurait baisser, sans que les nuages, invisibles par leur éloignement, deviennent visibles par leur rapprochement et sans que le ciel se couvre.

Le niveau de la colonne barométrique ne saurait monter, sans que les nuages en s'élevant semblent diminuer d'étendue et sans que le ciel se découvre.

La pluie, en été ou par les journées chaudes d'hiver, survient d'autant plus vite et tombe plus abondamment que le niveau de la colonne barométrique s'abaisse davantage. Dans nos climats, de 729 à 735 millimètres d'élévation de la colonne barométrique, nous avons tempête et à la suite des torrents d'eau.

Le thermomètre remonte d'autant plus que le baromètre redescend, et *vice versâ*.

Cette coïncidence de l'abaissement du baromètre avec la pluie n'est mise en défaut que par l'apparition d'une comète sur notre horizon ; les hautes régions de l'atmosphère échauffées par l'effet de ce miroir ardent se saturent des vapeurs d'eau qui se dégagent des nuages ; il pleut, pour ainsi dire en haut alors, au lieu de pleuvoir en bas. Une fois que la comète s'est éloignée de nous, ces vapeurs amoncelées dans le régions les plus élevées se condensent en nuages et retombent sur la terre en quelques jours comme une cataracte d'eau : somme de tout ce qui serait tombé en diverses fois, sans l'interposition de la comète.

54° Il y a tendance à l'abaissement du niveau de la colonne barométrique, et par conséquent à la pluie ou la neige, quand la lune remonte du Lunestice austral (L. A.) vers la ligne équinoxiale, c'est-à-dire vers l'équilune (Eq. L.), mais surtout quand la lune redescend du lunestice boréal (L. B.) ; le plus grand abaissement se manifeste vers l'équilune (Eq. L.).

55° Il y a tendance à l'élévation du niveau de la colonne barométrique, quand la lune remonte de l'équilune vers les lunestices, surtout vers le lunestice boréal.

56° Il y a tendance à l'abaissement du niveau de la colonne barométrique deux jours avant et deux jours après les syzygies, mais d'une manière plus prononcée à la nouvelle (N. L.) qu'à la pleine lune (P. L.). Le niveau s'élève le jour même des syzygies. S'il pleut deux jours avant, il pleuvra moins deux jours après et *vice versâ*.

Les nuages ne manquent pas d'arriver, lorsque le niveau du baromètre se maintient stationnaire.

57° La *conjuguaison* (*conjug.*) ou la position de la lune sur le même cercle de déclinaison que le soleil, amène aussi une dépression du niveau de la colonne barométrique et une tendance au temps pluvieux.

58° Ces phénomènes acquièrent plus d'intensité au périgée (alors que la lune ou le soleil sont moins éloignés de la terre) qu'à l'apogée (alors que ces deux astres sont plus éloignés de la terre); par conséquent plus en hiver qu'en été du fait du soleil.

59° On doit s'attendre à de grandes tempêtes, non-seulement quand l'équilune correspond avec l'équinoxe, mais encore quand la lune marche vers le lunestice austral en même temps que le soleil se rapproche du solstice d'hiver.

Rien n'égale la violence de la tempête et des marées, comme lorsque la nouvelle lune coïncide avec l'équinoxe et l'équilune.

La marée de la coïncidence de l'équilune et de la conjugaison est plus forte que celle de la nouvelle lune ; en sorte que la plus forte marée n'arrive souvent que quelques jours avant ou quelques jours après l'époque marquée dans les tables des hautes marées.

60° Les *quartiers de la lune* suspendent les tendances à la hausse et à la baisse du niveau de la colonne barométrique, tendances qui reprennent leur cours le lendemain.

Les changements de temps de beau en mauvais et réciproquement arrivent donc principalement aux lu-

7.

nestices, aux équilunes, à la conjugaison, aux quartiers, de même qu'aux syzygies.

61° La marche de la lune du lunestice austral (L. A.) au lunestice boréal (L. B.) réagit sur l'économie végétale et animale chaque mois, de la même manière que celle du soleil tous les ans à partir du solstice d'hiver vers le solstice d'été. Vers le lunestice austral les semis réussissent mieux pour tel genre de culture que pour tel autre, pour les récoltes herbacées que pour les récoltes à grains ; les femmes y ont leurs menstrues et une recrudescence de fécondité ; les crises nerveuses se reproduisent avec plus d'intensité à cette époque, qu'aux trois autres points lunaires, et les amputés et opérés éprouvent des élancements et commotions qui les tourmentent davantage.

62° Tous les 19 ans les mêmes phases et points lunaires revenant aux mêmes jours de l'année, ramènent à peu près les mêmes phénomènes aux mêmes jours.

Instruction pratique sur la manière de se servir des indications météorologiques qu'on trouvera dans les deux colonnes extrêmes du calendrier météorologique (n° VI), pag. 28.

63° N. B. Nous avons eu soin d'indiquer les époques des phases lunaires sur une colonne et celles des points lunaires et des points solaires sur l'autre, pour chaque mois de l'année 1865, en regard des jours du mois, dans l'almanach grégorien et républicain de cette année. L'observateur qui se sera familiarisé avec les notions de ce petit traité, et même avec les applications ou formules qui les résument, sera en état, à l'aide de l'indication de ces phases et de ces points, de prévoir, avec une grande probabilité, surtout les changements de temps et de température. Cette probabilité s'accroîtra encore pour la région de Paris, en consultant les observations faites à l'Observatoire pendant l'année 1808, année qui, dans la période lunaire de 19 ans, correspond à l'année 1865, laquelle doit en reproduire en général les phénomènes, vu qu'en 1865 la lune se trouve le même jour au même point, par rapport à la terre, qu'en l'année 1808 dont nous reproduisons les phénomènes (pag. 74) et qu'en l'année 1827 et 1846, dont la transcription aurait trop grossi ce volume.

Exemples de la manière d'appliquer les principes développés dans le traité précédent à la prévision des changements du temps (*).

64° Soit par exemple le temps à prévoir pour le mois de janvier 1865 : voici comment on devra appliquer à cette prévision du temps les principes formulés dans ce petit traité de météorologie :

A partir du 27 décembre 1864, la lune remonte du Lunestice austral (L. A.) et s'avance vers l'équilune (Eq. L.), laquelle coïncide avec le 3 janvier 1865 (voyez le calendrier du n° VI); de plus la lune marche de conserve avec le soleil qui remonte du solstice d'hi-

(*) Les chiffres entre deux parenthèses renvoient à l'alinéa du traité de météorologie (N° XI) où se trouve l'explication du phénomène.

ver et elle est *périgée* (45°, 52°). Le baromètre doit descendre, et le thermomètre monter jusqu'au 3 (41°, 48°), et par conséquent le temps doit se mettre à la pluie (40°). Voilà la prévision. Voyons si en 1808 l'observation a confirmé la théorie ; et pour cela reportons-nous au tableau dressé à l'Observatoire de Paris et reproduit au n° X de cet almanach; vous trouverez que le baromètre est descendu de 745 15 à 737 82 du 1ᵉʳ au 2 janvier, que le thermomètre est monté de 3°,9 à 7°,6 ; et que ces deux jours ont été des jours de pluie et de neige.

Mais le 4 de janvier coïncide avec le premier quartier de la lune (P. Q.), qui suspend l'action des points lunaires (60°); aussi, en 1808, le 4 janvier, le baromètre est remonté à 760 22, et le thermomètre a baissé jusqu'à — 0,2; et le temps s'est remis au beau ce jour-là.

Le 5 janvier, la réaction de l'équilune a repris son cours : le baromètre a baissé et le thermomètre est monté et il a plu abondamment ce jour-là en 1808.

A partir du 6, la lune se dirigeant de l'équilune (Eq. L.) au lunestice boréal (L. B.), le baromètre doit monter (48°) et le thermomètre descendre (41°), jusqu'au 9, avec des oscillations de peu d'importance : aussi, en 1808, à l'observatoire de Paris, le baromètre est monté jusqu'à 772 85 et le thermomètre est descendu de + 6°,5 à 4°,2; et le ciel aurait été beau sans les brouillards que la hausse barométrique a élevés de terre (15°).

A partir du 9 janvier, la lune reprend sa direction du lunestice boréal (L. B.) vers l'équilune, période d'abaissement barométrique et d'élévation thermométrique ; circonstance qui va être aggravée par la coïncidence de la pleine lune (P. L.) qui tombe le 11 jan-

vier. Aussi, en 1808, pluie le 10, veille de la pleine
lune, et le 11; puis, continuation de l'abaissement barométrique jusqu'au 16, jour de l'équilune.

A partir du 16 janvier, la lune, à son *apogée* (45°),
marchant de l'équilune (Eq. L.) vers le lunestice austral
(L. A.); le baromètre doit monter (55°) et le thermomètre descendre (41°), jusqu'au 20, jour du dernier quartier qui suspendra cette tendance (50°), laquelle reprendra son cours jusqu'au 24; et le ciel doit être
beau ou brumeux.

Mais l'influence de la conjugaison (*conjug.*) qui précède le lunestice austral, amènera la baisse barométrique un jour plus tôt.

A partir du 24, la lune se dirige du lunestice austral
(L. A.) vers l'équilune (Eq. L.), période de baisse barométrique et de hausse thermométrique, modifiée par
l'intercalation (presqu'à la moitié de la période) de la
nouvelle lune qui tombe le 27 janvier. Toute cette période fut pluvieuse en 1808, à part le 27, jour de la
nouvelle lune (50°).

65° Prenons maintenant pour exemple le mois de
juillet, l'analogue du mois de janvier, puisque le soleil
se dirige alors du solstice d'été vers l'équinoxe. Dans
ce mois les phénomènes d'abaissement barométrique
et par conséquent de l'abaissement des nuages pluvieux sont moins intenses qu'au mois de janvier, le
soleil se trouvant vers son apogée (45°) et la pression de
son atmosphère sur l'atmosphère de la terre étant
moins puissante : c'est le beau temps qui doit do-
miner.

A partir du 29 juin, jour de l'équilune, le baromètre
doit monter jusqu'au 7 juillet, jour du lunestice aus-

tral (L. A.), veille de la pleine lune (P. L.). Mais l'incident du premier quartier doit suspendre cette tendance (60°); aussi vous voyez qu'en 1808, le 2 et le 3 du même mois ont été orageux.

A partir du lunestice austral (L. A.), le baromètre descend, mais faiblement et avec quelques oscillations, jusqu'au jour de l'équilune qui tombe le 13 juillet; et le thermomètre monte. L'équilune concordant avec le *périgée* (45°), il s'ensuit que le baromètre doit éprouver une plus forte pression : cela s'est trouvé vérifié en 1808. Du 7 au 10, le ciel sera très-nuageux; du 10 au 12, oscillation et hausse barométrique ; mais baisse à partir du 13, pendant trois jours, du fait de l'équilune au périgée (45°), mais surtout de la rencontre du dernier quartier qui suspend la hausse barométrique (50°). La hausse recommence jusqu'au 20, jour du lunestice boréal (L. B.). Dans la période du 20 au 27, jour de l'équilune, baisse ou faible oscillation et temps pluvieux.

A partir du 29 le baromètre se relèvera; car la lune marche de l'équilune (Eq. L.) apogée vers le lunestice austral (L. A.) qui tombe le 3 août.

N. B. 1° Nous nous arrêterons à ces deux exemples qui suffiront pour donner la clef de cette méthode. Il n'arrive pas toujours que l'événement atmosphérique concorde exactement avec les indications barométriques; l'effet ne se montre quelquefois qu'un ou deux jours après; ce qui tient à des influences locales, à des pressions de nuages qui chassent les autres dans un autre sens et en balayent l'horizon d'une localité pour les accumuler sur une autre. Il en est de ces retards comme de celui de l'époque des marées aux sygygies, qui n'arrivent que 36 heures après l'époque de la conjonction et de l'opposition.

2° Une autre circonstance qu'il ne faut pas oublier, contribue à démentir les indications fournies par la baisse barométrique : c'est l'apparition d'une comète au-dessus de l'horizon : Son action évapore et fait monter dans les régions supérieures de l'air la quantité d'eau qui se serait rabattue sur la terre. Mais la disparition de la comète, abandonnant toute cette quantité de vapeurs à l'action condensatrice du refroidissement, ne manque jamais d'être suivie de pluies diluviennes ; ce sont alors comme les cataractes du ciel qui s'effondrent sur la terre.

3° Nous ne prétendons pas avoir donné le dernier mot de ce système dans ce petit écrit ; c'est un projet d'observations que nous avons jalonné à la suite d'une étude non interrompue de près de quinze années ; c'est le plan d'un édifice où chacun doit apporter sa pierre, et dont nous avons déjà assez élevé les fondations pour que l'on ait de toutes parts compris le besoin de contribuer à l'élévation de l'édifice. La météorologie tombée depuis longtemps dans le plus profond discrédit aux yeux des savants et des Académies, est considérée aujourd'hui comme pouvant prendre rang parmi les sciences d'observation. Nous ne croyons pas nous flatter en disant que de cette révolution un peu tardive nos travaux ont été le premier mobile (il faut bien que je le dise, car ces gens-là ne vous le diront pas). Comme ces gens dénoncent, mais ne citent pas, force nous est de nous citer nous-même, afin de n'avoir pas l'air d'être plagiaire d'un plagiat.

N° XII

MAXIMES D'ÉCONOMIE ET DE MORALE.

Étude et apprentissage.

1° Le temps que nous passons ici-bas se divise en deux parts : l'une consacrée à l'apprentissage et l'autre à l'exercice de la vie ; la seconde est le revenu net de la première. Avant d'être homme, sachez être un infatigable apprenti ; on n'est presque jamais que ce que, dans le jeune âge, on s'est appris à être.

2° Étudier, c'est s'attacher à reconnaître ses aptitudes, afin de faire le choix d'une carrière qui ne soit au-dessus ni de nos qualités d'esprit, ni des forces de notre corps. Ce que vaut l'homme vaut l'état ; on s'illustre et on s'enrichit honorablement dans toutes les branches de l'industrie ; on peut être artiste dans tous les métiers ; on peut être heureux dans toutes les conditions, honoré d'autrui et s'estimant soi-même.

Plaisir et devoir.

3° Le plaisir dans le devoir c'est le seul plaisir licite ; le plaisir c'est la satisfaction d'une loi naturelle dont le ciel nous a fait un besoin. La satisfaction d'un caprice est une torture, et souvent un méfait, la pire de toutes les tortures.

Réflexion.

4° Avant d'agir, consultez votre cœur ; avant de parler, consultez votre esprit ; avant de vous livrer aux emportements de la colère, consultez votre raison.

5° Soyez froid devant les mauvaises chances ; que le revirement de la fortune ne vous trouve pas désarmé et privé des deux grands moyens de réparer le désastre, le courage et l'activité ; celui qui sait perdre froidement est sûr de regagner rapidement.

6° Sachez vous passer des autres ; les meilleurs secours ne viennent que de soi ; la source s'en épuise vite, quand on les attend des autres.

7° La société a plus d'une planche de salut à la disposition de qui se noie dans une direction mal calculée ; ne regardez pas à sa forme, à son poli ; qu'il vous suffise qu'elle soit solide et que vous ne l'arrachiez d'aucune main qui l'ait prise avant vous. On n'a jamais à rougir, mais toujours à s'applaudir de gagner son pain à la sueur, pourvu que ce ne soit pas à la rougeur de son front ; or jamais un travail utile n'a fait monter le rouge au front de qui s'en acquitte consciencieusement.

Économie.

8° Ne consommez pas tout le gain de la journée et ne vivez pas au jour le jour ; faites deux parts de votre salaire, une pour les besoins du présent, l'autre plus grande pour les mauvaises chances de l'avenir.

La part de la dépense du jour, faites-la plus grande quand l'occasion se présente d'être utile ; mais l'autre part, gardez-la bien pour vos vieux jours. Qui s'attache au vieillard, si ce n'est lui-même ? qui le soutient, si ce n'est son bâton ? qui le recherche ou plutôt qui ne l'évite, à moins qu'on n'attende quelque chose du trépassé ? Le vieillard erre ici-bas comme dans sa

tombe ; c'est une âme en peine qui cherche le repos.
Pour les autres c'est un vieux meuble dont ceux-là
désirent le plus être débarrassés qui l'ont le plus
usé à leur service ; son crime est d'être usé et de
tenir une place inutile. Heureux en toi seul, pauvre
vieillard, si tu as su te faire dans le temps une large
provision de ressources, d'idées, de bons souvenirs
et de philosophie !

Bienfaisance.

9° Soyez utile sans calcul et sans espoir de retour ;
vous n'aurez jamais ainsi à vous plaindre de l'ingratitude des hommes ; l'ingratitude ne vient souvent que
d'une mémoire trop courte, et ce n'est pas toujours la
mémoire du cœur.

S'instruire d'abord.

10° Hâtez-vous de vous instruire pendant que vous
êtes jeune ; c'est dans le jeune âge que l'esprit et le
corps ont le plus de souplesse, se façonnent le mieux
à l'art et où le silence des grandes passions laisse à
l'attention toute sa latitude.

Puis s'établir.

11° Une fois passé maître, à la suite d'un suffisant
apprentissage, cherchez une compagne digne de vous,
conforme à vos goûts et à vos forces, utile à vos travaux, associée par son intelligence à vos entreprises,
qui vous seconde en vous aimant. Choisissez bien, car
malheureusement nos lois ne permettent pas de reve-

nir, sur une méprise ; une méprise, c'est un boulet que l'on traîne au pied pendant le restant de ses jours.

Garder enfin son bonheur.

12° Une fois votre existence doublée, ne la gaspillez pas; ne l'aventurez pas dans le tourbillon de ce que le monde appelle les plaisirs et ce que le sage appelle des tortures ruineuses.

13° Pour le bonheur d'ici-bas, il suffit de deux ; n'en admettez pas même un troisième dans la compagnie ; le troisième y porterait le désordre ou la division tôt ou tard. Soyez bien avec tout le monde sur le seuil de votre porte; prêtez main-forte à qui succombe; aidez de votre superflu qui a faim; tendez la main à qui va se perdre. Mais murez-vous ensuite dans votre sanctuaire, et attendez du ciel et de vos œuvres le nombre de ses nouveaux habitants.

Les fêtes pour la jeunesse, l'intimité pour les époux.

14° Les fêtes bruyantes, les grandes exhibitions de sexes, les danses et les chœurs ont un but pour la jeunesse; chacun y cherche ce que de votre côté vous y avez trouvé ; c'est là qu'on s'étudie, qu'on se devine et que l'on s'associe de cœur et d'âme. Mais qu'y allez-vous chercher une fois que vous avez trouvé ? C'est un séducteur pour l'un ou pour l'autre. Qui court tant après le plaisir, c'est qu'il n'en éprouve plus à domicile; cette rage de dissipation, c'est une grande envie de séparation ; et comme la séparation vous est interdite, qu'y a-t-il au fond de tous ces tourbillons de danses échevelées, si ce n'est une promiscuité en effigie?

Les chœurs et les plaisirs sont faits pour la verte jeunesse, les promenades intimes pour les époux, les ébats de famille pour les pères assistés de leurs grands-parents; à chacun sa fête selon son cœur, après une semaine ou une décade de rudes labeurs d'esprit ou de corps.

Conduite à tenir dans les réunions.

15° Dans les réunions, faites preuve du talent ou de la force que vous avez. Ne vous targuez de rien de ce qui vous distingue des autres, cela vous vient de Dieu. Ne faites point parade de ce que vous n'avez pas; à l'œuvre on reconnaîtrait la jactance.

Querelles et rixes.

16° Évitez les querelles, les paris et les combats; affirmez ce que vous savez bien être vrai; tant pis pour qui le nie. Si vous doutez, cherchez à vous instruire : on n'a jamais raison d'avoir deviné; je n'en sais gré à personne.

A quoi sert de gaspiller ses forces, pour démontrer en assommant un homme qu'on est plus fort que lui? La défense excuse tout, l'attaque n'excuse rien. Si vous provoquez, parce que vous vous croyez le plus fort, vous êtes un lâche. Si vous croyez l'emporter par votre force physique, votre jactance est ridicule; car elle n'est jamais de longue durée. Je connais des êtres plus forts qu'un Hercule; ce sont le bœuf, le tigre, l'éléphant et le serpent boa ; qui de vous voudrait être dans le corps de ces bêtes ? Il est quelqu'un que j'estime plus qu'un Hercule ; c'est Epictète que la main d'un enfant aurait abattu tant il tenait peu sur ses hanches et sur ses jambes ; mais ce tout petit bout d'homme, les empereurs romains le vénéraient comme leur maître.

Nobles torturés.

17° Quand je vois un esprit supérieur entre vingt gendarmes et tenu de force aux pieds de vingt juges vendus ou prévenus, que ces juges portent toques noires, barettes rouges ou casques d'or ; celui dont j'admire la force en ce cas-là, c'est l'accusé.

Je donnerais tous les jugeurs, tous les geôliers, tous les gendarmes, tous les prétoriens, tous les faisceaux d'armes, tous les canons pour un petit bout d'Epictète, et pour ce pauvre vieillard dont vingt gros poignets fléchissent le corps sur les genoux et courbent la tête blanchie sur la poitrine, afin qu'il ait l'air de faire amende honorable de ses sublimes écrits. Je baise au front Galilée humilié ; et je crache une fois, deux fois, mille fois au visage de ses juges rouges comme ces écrevisses qui marchaient à reculons avant d'être cuites.

Donc vous, je ne vous admire pas, quand vous avez culbuté un homme et que vous le tenez le genou sur la gorge, après l'avoir renversé de votre poids ; que vous vous nommiez homme ou peuple, bataillon ou armée, mes vœux ne sont pour vous que lorsque vous n'êtes pas l'agresseur et que vous avez à vous défendre vous ou les vôtres. Vous êtes fort, utilisez vos forces ou conservez-les pour une belle occasion. Si vous les usez pour en faire parade, vous êtes un fou, qui voulez souffrir et faire souffrir pour ce qui n'est bon à rien.

Fêtes vrais coupe-gorges.

18° Quelle belle fête que celle où l'on afflue avec de pareils désirs dans le cœur ! Quelles réunions amusantes que celles que l'on transforme en coupe-gorges! Les animaux des bois ne se rassemblent pas autrement; et eux du moins ne choisissent pas pour cela, le jour de fête de l'Être suprême, le seul fort entre tous, le seul dont les yeux n'ont personne autre à admirer ni à craindre.

Réunions instructives.

19° Que les vieillards de la cité donnent enfin un autre aliment à cette exubérance de mouvements et de paroles qui travaille l'adolescence et demande à se dépenser en bouillonnant. Fondez des réunions scientifiques, littéraires et artistiques dans le moindre petit hameau. Avec de la patience on peut tout apprendre; l'instruction multiplie l'homme et centuple les ressources de la cité. Offrez à chaque aptitude un moyen de s'exercer : des livres, des instruments, des ateliers artistiques; des maîtres et un peu de temps pour chaque chose ; des livres vrais et point de légendes ; et que les réunions périodiques deviennent des exercices, où chacun apporte ce qu'il sait de plus que les autres et profite de ce que les autres savent de plus que lui.

Répandez ainsi l'instruction ; vous assoupirez les mauvaises passions, filles de toutes les superstitions.

Ne rien croire, tout apprendre.

20° Ne croyez rien ; étudiez et approfondissez tout. L'étude est le seul culte de Dieu, puisque l'étude seule peut nous apprendre à connaître la puissance et la magnanimité de l'Être suprême. Vous voulez des miracles ! en avez-vous de plus grand et de plus facile à vérifier que celui du petit grain de sénevé qui, réchauffé dans le sein de la terre, germe et produit un arbre semblable à celui des branches duquel il est tombé ? Admirez et apprenez par cœur ces légendes de la nature ; là seulement se reflète l'esprit de Dieu. Qui prétend soutenir la cause de Dieu par la force brutale, n'est qu'un féroce ou stupide blasphémateur ; il accuse Dieu d'impuissance et calomnie ses semblables en les frappant.

Manœuvres de l'obscurantisme.

21° L'obscurantisme, qui conspire dans toute l'Europe contre le progrès, s'est organisé depuis 70 ans de manière à faire tous les 18 ans une coupe réglée des esprits qui le gênent ; il souffle le feu des révolutions, afin de s'établir sur leurs ruines. Ne tombez plus dans le piége ; ne vous rendez plus sur son terrain quand il vous y provoque ; contre tous ses moyens de destruction, vous avez une arme plus puissante : le suffrage universel éclairé par l'instruction. Instruisez-vous, discutez de bonne foi, ne prêtez les mains à aucune momerie ; restez sourd à toutes les provocations ; n'allez pas à ce que vous ne croyez pas ; et l'obscurantisme tombera de lui-même en poussière comme la plus vieille et la plus sale friperie des vieux temps. Propagez les bonnes idées ; il n'est pas de force brutale qui puisse arrêter la propagande du vrai.

Censure et liberté de la presse.

22° J'ai déjà vu beaucoup d'administrations manœuvrer à leur manière ; le résultat de mes observations est que les entraves apportées à la liberté de la presse n'ont jamais profité qu'à l'obscurantisme et aux Censeurs. L'obscurantisme se sert de la censure pour étouffer le vrai qui l'offusque et arrêter au passage les idées de progrès qui le minent et lui creusent la route des Petites-Maisons. Mais le Censeur ne reste pas là pour le compte des autres ; il y trouve ses petits profits. Imaginez un homme incapable ou fatigué de produire et auprès de qui arrivent à flots des idées nouvelles ou des idées qui contrarient les siennes ; chacun a ses petites tentations ; et l'omnipotent, l'arbitre souverain de l'*imprimatur*, le gros, gras et.... Censeur enfin, se voyant si peu gêné de céder aux siennes, ne trouvera rien de mieux à faire que de tarder d'ouvrir les portes de la publicité à ce qui le contrarie personnellement ou à ce qu'il peut publier pour son propre compte. J'en ai connu, dans le temps, un qui en valait bien d'autres et qui ne se gênait guère ; et je n'ai jamais vu un être qui eût plus que lui le physique de son emploi : cheveux en poils de sanglier, front étroit, physionomie de chat-tigre, main de taupe, esprit nul ; il ne prenait pas du bout des doigts (il les avait roides et en trèfle), mais de toute l'épais-

seur des deux mains ; et c'est ainsi qu'il a pris rang
parmi les hommes capables et haut prisés. Il est vrai
que nul fabricant ne le laissait pénétrer dans l'inté-
rieur de l'établissement, quand on avait à sauvegarder
les secrets de la fabrique. Je ne pense pas qu'il soit
resté longtemps Censeur ; mais cependant s'il parve-
nait encore à l'être, rien n'indique qu'il se soit amendé.
Or, croyez-vous qu'il soit le seul de sa nature ? Donc
il serait temps de renoncer aux bons services de la
censure ; pour ma part, je préférerais la liberté illi-
mitée de la presse, dût-elle se faire licence à mon
égard ; la liberté finit toujours par s'amender d'elle-
même ; elle est à elle-même son propre correctif.

Conversations.

23° Ne vous servez pas de la parole pour chercher
à vous faire remarquer, mais pour échanger des idées
utiles ; ne vous fâchez pas qu'on vous contredise, quand
vous vous croyez dans le vrai ; exprimez-le, ne le
discutez pas auprès de qui ne le veut pas entendre.

Soyez indifférent envers les mauvais propos ; un
mot déplacé ne retombe jamais sur l'honnête homme ;
la loi même du talion défend qu'on y réponde par une
voie de fait ; la légitime défense ne permet d'y répon-
dre que par un haussement d'épaule ou une dénéga-
tion ; laissez ensuite au temps le soin d'en faire justice.

Duels.

24° Montrez que vous avez du cœur non pas en
assommant qui en doute, mais en vous montrant utile
au milieu du danger commun. Les grands capitaines

n'ont presque jamais trouvé occasion de se battre en duel; et, sur le champ de bataille, ce ne sont pas les duellistes de profession qui se montrent les plus braves. J'ai connu des hommes de cœur qui redoutaient un duel par crainte, non de recevoir, mais de donner la mort sans utilité pour la chose publique.

Innovations et routine.

25° Ne vous arrêtez jamais à ce que vous avez appris; l'homme ne doit grandir et même vieillir qu'en apprenant encore. Cherchez du nouveau; perfectionnez l'ancien; mais que chez vous l'innovation ait toujours la prudence de la routine et ne faites jamais des essais dont l'insuccès soit capable de vous ruiner.

La propreté source de grands profits.

26° Le fermier ne sait pas le profit pécuniaire qu'il retirerait en maintenant la propreté dans la ferme. Toutes les ordures peuvent faire du fumier; et tout fumier perd sa fétidité sous la plus faible couche de terre. Que dirait-on d'un particulier qui garderait son pot de nuit pendant un an dans un coin de sa chambre? on en pousserait des hauts cris! Et l'on garde pourtant pire qu'un pot de nuit dans sa maison pendant une année; on en est infecté, sans en être dégoûté. On paye fort cher pour le faire enlever; ce jour-là l'argenterie en noircit, et chacun fuit à la ronde. On va ensuite racheter cette matière transformée ou plutôt falsifiée en une détestable poudrette, qui détériore beaucoup plus le sol qu'elle ne le fertilise.

En transportant chaque jour dans un endroit du champ les ordures et les balayures, on contribuerait à l'assainissement de l'air qu'on respire ; on obtiendrait sans bourse délier un excellent engrais. On gagnerait à être propre, tout ce qu'on perd pour se débarrasser chaque année de ces saletés.

Combien faudra-t-il attendre d'années pour que les cités et les particuliers écoutent ces conseils ? Il faut tant de temps pour faire adopter une idée utile, et si peu pour donner cours à une bévue !

Sous le rapport de la propreté, nos plus belles cités sont encore des cloaques, au moins en certains quartiers : tout pour les yeux, rien pour la salubrité publique; on s'y empoisonne souvent, même en respirant en plein air.

Leçons dans la ferme.

27° Un usage que je voudrais bien voir s'établir dans les fermes et les ateliers, ce serait de faire une lecture d'histoire à tous les repas, et de donner le soir une leçon aux ouvriers de la ferme : leçon de lecture, d'écriture, d'arithmétique, de géographie, etc. Une page apprise chaque jour, c'est à la fin de l'année un volume de 365 pages que l'on a appris par cœur ; et un tel volume peut contenir plus d'une science.

Chants à l'atelier.

28° Un autre usage que je voudrais voir s'établir dans les ateliers, ce serait de terminer chaque fraction de travail, par une exécution chorale et au besoin instrumentale; nul ne sortirait dès lors de mauvaise humeur et dans l'intention d'en vexer un autre ; l'harmonie des sons chasse les mauvaises impressions de l'âme et les mauvaises dispositions du cœur.

Discussions.

29° Discutez sur les choses de votre compétence ; écoutez avec désir de vous instruire sur les choses de la compétence d'autrui.

On n'a pas à rougir de se tromper, mais seulement d'avoir tort : le tort c'est de s'entêter.

Services.

30° Soyez serviable, mais non complaisant ; c'est-à-dire soyez bon et jamais dupe.

31° Reconnaître un service par un autre service, c'est se libérer et se mettre au niveau de son bienfaiteur ; n'acceptez jamais qu'avec la bonne intention de rendre.

Vote et suffrage.

32° Quand vous avez à procéder par voie d'élection, ne recevez votre vote de la part de personne ; suivez les inspirations de votre conscience, et jamais les suggestions d'une coterie ou d'un parti ; votez pour le plus digne, dût votre vote rester isolé : ce sera un bon exemple, si ce n'est pas un bon résultat.

33° Démasquez hautement toutes les hypocrisies, éventez toutes les cabales, ouvrez les yeux aux dupes, ramenez les égarés ; sacrifiez tout à la paix et au bien-être de la cité, et ne calculez pas le mal qui pourra vous en venir de la vengeance des uns et de l'ingra-

titude des autres; nous ne sommes pas ici-bas pour
ne recevoir que des compliments.

Utopies aujourd'hui, vérités dans un avenir prochain.

34° Il n'est pas loin le jour où tout se décidera entre
les particuliers et entre les peuples, non plus à coups
de poing, de pistolet, d'épée et de canon (vieilleries
de la monarchie), mais par la discussion et l'arbitrage
compétent.

35° Pour les moindres délits comme pour les grands
crimes, le jury nommé par la cité remplacera l'instruction criminelle et les juridictions pénales.

36° La peine sera remplacée par la réparation; et
la réparation complète amènera la réhabilitation, avec
les garanties de l'amélioration.

37° La prison pour préserver la société; mais alors
une prison école d'amélioration, qui ne séquestre
'homme que pour l'empêcher de faillir, sans le priver
de rien de ce que ses besoins réclament et que son
devoir lui impose : communication libre avec sa famille, travail conforme à ses forces et à son aptitude.

Que la porte s'ouvre du jour où ce malade au moral
aura été rendu à la santé, c'est-à-dire à sa bonté naturelle. Que sa prison soit à vie, s'il ne peut se corri-
ger qu'en cessant de vivre; on ne relâche jamais le
fou incurable.

38° Plus de torture afflictive et encore moins pré-
ventive; le vrai coupable sera celui qui fera souffrir
de sang-froid même le plus grand des coupables.

39° Plus de meurtres entre les hommes; encore

8.

moins de meurtres au nom de la loi. La peine de mort sera comme un triste souvenir des siècles de barbarie; chacun cherchera à l'effacer de sa mémoire. Pourquoi le meurtrier est-il coupable d'avoir donné la mort? est-ce parce qu'il a frappé un de ses semblables? Qui donc frappe la loi en jugulant un prisonnier? n'est-ce pas un de nos semblables un instant égaré?

40° Est-ce pour l'empêcher de faire encore du mal? mais du même coup vous l'empêchez de réparer le mal qu'il a fait et d'obtenir ainsi le pardon de son crime.

41° La vue du sang donne la soif du sang et surexcite à mal faire. Le pardon accordé à un seul inspire à tous le sentiment de la miséricorde réciproque et de la confraternité.

42° Il n'existera plus de corps privilégiés et de corps savants, mais des associations libres entre les savants comme entre les artisans; ou plutôt tous les artisans seront des savants dans leur spécialité.

43° L'instruction sur toutes choses sera gratuite et obligatoire, et les instituteurs nommés au concours seront tous payés par l'État.

44° Le médecin sera magistrat salarié par l'État et ne recevant rien des malades.

45° Le malade sera traité gratuitement à domicile par les siens ou par les élèves de la Cité.

46° La pharmacie sera tenue au nom de la communauté et l'on n'y percevra rien de personne. Tout médicament sera délivré sur l'ordonnance gratuite du magistrat et au gré du malade, une fois son état maladif dûment constaté.

47° Le travail aura ses invalides; l'orphelin aura pour mère la Cité. L'oisiveté sera regardée comme une flétrissure.

48° Du travail selon ses forces et son aptitude ; un salaire selon ses besoins et ceux de la famille.

49° Le bien-être détruira le vol ; l'instruction dissipera les crimes.

50° Le mariage sera un contrat dissoluble par le manque de l'un des conjoints à ses engagements.

51° Le coureur de femmes sera mis au rang des fainéants, le trompeur de filles au rang des plus grands coupables ; on l'enfermera jusqu'à ce qu'il ait réparé son méfait, afin de l'empêcher d'en commettre d'autres.

52° Chez nous la femme est prise pour une marchandise, sa valeur est dans sa dot. Voici une institution, une utopie qui de temps immémorial a été un usage dans certains pays gallo-romains :

Afin que le mariage fût assorti, et que la femme ne fût recherchée que pour sa valeur, la femme n'apportait aucune dot et n'attendait rien de ses parents ; sa fortune était dans son aptitude au travail et dans ses qualités d'esprit et de cœur ; on l'épousait pour elle-même.

Le contrat de mariage est la source d'une foule de mécomptes, de trahisons et de crimes que la loi n'atteint pas toujours. L'appât de l'or est un conseiller horrible.

53. Un jour la police se fera par tous les citoyens ; nul ne rougira d'être dénonciateur ; parce que la dénonciation sera autant dans l'intérêt du coupable que dans celui de la société, et qu'on ne fera plus souffrir l'un afin de préserver l'autre de la souffrance ; rougit-on d'envoyer un malade à l'hôpital ?

54. La valeur consistera à défendre, à sauver ses semblables de la dent des bêtes, de l'action du feu,

de l'eau ou de la tempête au péril de sa propre vie.

55° Ce jour-là le monde ne sera plus qu'une grande famille, composée de parents plus proches et de parents plus éloignés. Le gouvernement, la diplomatie et la politique se résumeront dans une simple administration, où tout marchera comme par engrenage, au moyen d'une manivelle que la première main sera apte à tourner. Dans tous les temps il a fallu beaucoup de génie pour mal gouverner; il ne faut que le sens commun pour bien administrer.

56° Voilà ce que nous réserve l'avenir, qui peut-être n'est pas éloigné. J'en vois d'ici qui, en me lisant, vont se donner des airs d'en rire; mais Dieu merci ce rire ne sera pas inextinguible. Qu'ils se hâtent de rire fort, pourvu qu'ils soient les derniers à en rire; pour moi j'ai parlé et je finis avec tout mon sérieux. J'ai dit ce que je crois; j'ai dit ce que j'attends pour un avenir que je ne verrai pas peut-être, mais qui est certain et prochain.

ESSAIS
DE MÉDICATION ET DE PRÉSERVATION
CONTRE
LA MALADIE DE LA VIGNE.

Dans nos *Nouvelles Etudes scientifiques et philologiques*, ouvrage en voie de publication, nous avons développé une série d'expériences qui nous ont fourni en 1863 les résultats les plus heureux. Car des vignes qui depuis cinq ans n'avaient pas porté une grappe sans être flambée presque dès l'époque de la floraison, ont, par suite de ce procédé de médication, donné des raisins venus en toute maturité; sur l'une d'elles et la plus improductive de toutes, nous avons récolté jusqu'à 60 livres de raisins.

Le mode de médication n'avait été ni compliqué, ni coûteux ; il nous avait suffi d'arroser tous les huit jours chaque pied avec un demi-seau d'eau de savon provenant des soins de la toilette et du lavage des mains d'une seule personne.

La maladie de la vigne, ainsi que celle de la pomme de terre et autres végétaux cultivés ou non, ne provenant que d'un flambage atmosphérique, et n'étant qu'un effet de l'électricité des orages, nous avons tâché de donner dans l'ouvrage ci-dessus cité la théorie et la raison d'une médication préservatrice qui coûtait si peu.

En même temps nous avions annoncé que nous allions recommencer l'expérience sur un nouveau plan, plus simple que le premier; il ne consistait qu'à en-

velopper, sur la fin de l'automne, le pied de chaque
treille ou vigne d'une certaine quantité de cendres de
houille ou de coke; c'est ce que nous avons tenté sur
la fin de l'automne de 1863, et jusqu'à ce jour (20 septembre 1864) aucune de ces treilles n'a été frappée de
l'orage, et toutes nous ont donné de beaux et bons
raisins; pendant que les divers orages ont desséché
sur pied, du soir au matin, un beau pêcher de cinq
ans, et noirci les feuilles de certains arbustes de telle
sorte qu'on aurait pu les prendre pour des feuilles de
tôle estampées.

Nous avions, d'un autre côté, une rampe de vignes
et une autre de pommiers nains, palissadés en cordons sur des fils de fer zingué dont les deux bouts
plongeaient dans une terre forte et en général sèche
et durcie; ce qui la rendait si mauvaise conductrice
d'électricité, que souvent l'électricité se déchargeait sur
tout le plant. L'été de 1863, nous avions perdu de
cette manière quatre pommiers de cette catégorie; du
soir au matin, par un temps d'orage, chacun à leur
tour ils avaient été desséchés sur pied.

J'ai enfoncé dans la terre, auprès de chaque bout de
ces cordons de fer zingué, un pot à fleurs tenu constam-
ment rempli d'eau (un simple bouchon de liége obtu-
rant le trou du fond du vase, afin que l'eau ne s'écoulât
pas trop vite par cet orifice, et que la terre ne s'humec-
tât que par la transsudation du vase); ce moyen a pré-
servé, cette année 1864, tous ces coursons des effets
du flambage qui ne les avait pas épargnés jusqu'alors,
et tout y est venu à bien, végétation et fructification.

FIN

TABLE DES MATIÈRES.

FIN DE LA TABLE DES MATIÈRES.

N. B. La coïncidence des évènements avec les prévisions de ce petit livre a tellement frappé dès le premier mois l'attention publique, que, conformément au plan esquissé aux pages 72 et 86, l'administration s'est empressée de doter les écoles normales primaires d'instruments d'observation, et d'engager les instituteurs à consigner, chaque jour, les phénomènes météorologiques dont ils seront témoins dans leurs communes respectives.

Corbeil, typ. et stér. de Crété.

NOUVEAU SYSTÈME DE CHIMIE ORGANIQUE, à l'usage des manufacturiers et des gens du monde, par F.-V. RASPAIL. 3 gros vol. in-8°, et un atlas in-4° de 20 planches, dont quelques-unes coloriées. 1838. — Prix... 30 fr.

NOUVEAU SYSTÈME DE PHYSIOLOGIE VÉGÉTALE, par F.-V. RASPAIL. 2 gros vol. in-8°, et un atlas de 60 magnifiques planches dessinées et gravées par les meilleurs artistes. 1837. — Prix : avec planches en noir, 30 fr. Avec planches coloriées.. 50 fr.

LES BÉLEMNITES FOSSILES RETROUVÉES À L'ÉTAT VIVANT, par F.-V. RASPAIL. In-8° de VI-44 pages, papier vélin, avec une planche coloriée, dessinée et gravée par son fils BENJ. RASPAIL. — Prix............. 4 fr.

L'HISTOIRE NATURELLE DES AMMONITES, par F.-V. RASPAIL. In-8° de VIII-56 pages, sur papier vélin, avec 4 belles planches in-4°. — Prix. 12 fr. — Il n'a été tiré que cent exemplaires de cet ouvrage.

LA LUNETTE DE DOULLENS, *Almanach de l'Ami du Peuple* pour 1850, par F.-V. RASPAIL, représentant du peuple à la Constituante. — Prix. 50 c. Par la poste.. 65 c.

PROCÈS ET DÉFENSE DE F.-V. RASPAIL, poursuivi le 19 mai 1846, en exercice illégal de la médecine, sur la dénonciation formelle des sieurs FOUQUIER, médecin du roi, et ORFILA. — Nouv. édit. 1863. — Prix... 50 c. Par la poste.. 65 c.

PROCÈS PERDU, GAGEURE GAGNÉE; OU MON DERNIER PROCÈS EN 1856, par F.-V. RASPAIL. In-8°. — Prix...................... 75 c.

NOUVELLE DÉFENSE ET NOUVELLE CONDAMNATION DE F.-V. RASPAIL à 15,000 fr. de dommages-intérêts, pour avoir demandé, le 8 novembre 1845, et obtenu, le 30 décembre 1847, la dissolution de la société par lui formée avec le pharmacien-droguiste du n° 44 de la rue des Lombards. — Prix.. 50 c. Par la poste.. 65 c.

RÉPLIQUE AU SIEUR LÉON DUVAL. Paris, 1846. In-8°. — 9e édit. 10 c. Par la poste.. 15 c.

COLLECTIONS DE L'AMI DU PEUPLE, en 1848, par F.-V. RASPAIL. Ce journal, dont le 1er n° porte la date du 26 février, se publiait le jeudi et le dimanche sur la voie publique; il cessa de paraître à la suite de la journée du 15 mai. — Prix des 21 numéros....................... 2 fr. Par la poste.. 2.50

N. B. — Les lettres non affranchies sont rigoureusement refusées. — Les envois se font contre remboursement, ou contre un mandat sur la poste ou sur une maison de Paris.

www.ingramcontent.com/pod-product-compliance
Lightning Source LLC
Chambersburg PA
CBHW050012100426

42739CB00011B/2616